MERVEILLEUX
COSMOS !

Photo-montage
des planètes du
système solaire.
Dans l'ordre,
de haut en bas :
Mercure, Vénus,
la Terre et la Lune,
Mars, Jupiter,
Saturne, Uranus,
Neptune.

Jean Audouze

avec Jean-Claude Carrière *et* Erik Orsenna
de l'Académie française

MERVEILLEUX COSMOS !

CNRS Éditions

15, rue Malebranche | 75005 Paris

À Philippe Avron,
amoureux du ciel et des étoiles.

Collection « Le banquet scientifique »
dirigée par Jean Audouze.

Avec la collaboration de Francis Delabarre
Conception et réalisation : Bleu T

CNRS Éditions, Paris, 2010
ISBN : 978-2-271-06606-0

SOMMAIRE

Aller au-delà du regard. Voir ce que l'œil ne voit pas.

À l'aide de techniques complexes, et de plus en plus raffinées, faire surgir de la profondeur céleste – pour ainsi dire de l'infini – des images qui s'y cachaient depuis l'origine des mondes.

Au-delà du regard

Jean-Claude Carrière

Apercevoir, même de très loin, le grand invisible qui nous enveloppe.

Au risque de nous y perdre.

Les distances du ciel, qui est devenu l'Univers, ont échappé à nos mesures, à notre pensée, et même à notre vocabulaire. Elles n'ont plus rien à nous dire. Je parle à mon voisin de table d'une « année-lumière », il hoche la tête et me dit : « C'est loin ». Et il a raison. Une année-lumière n'a pas de sens. Nous ne pouvons pas nous la représenter, à plus

Aucune « montée au ciel » de tel ou tel saint homme, aucun « voyage interplanétaire » des romans de science-fiction, ne peut effleurer les espaces vrais que nous avons ouverts dans l'univers.

Toutes nous tentatives humaines pour nous « élever » de la terre et nous élancer vers les étoiles ne sont aujourd'hui qu'un saut de puce dans une galaxie. Qu'il existe d'autres planètes habitables, c'est arithmétiquement probable. Que nous puissions les visiter un jour est inconcevable.

Nous n'irons jamais là-bas, et là-bas ne viendra jamais jusqu'à nous.

Mais il nous reste le regard. Et ce regard, qui chaque année va plus loin, voit plus clair, nous gratifie de cadeaux somptueux. Il nous fait voir des « formes » que jusque-là nous ne pouvions pas imaginer, même en songe. Toutes les aventures des peintres, tous les écarts vertigineux de l'esprit, sont ici dépassés, non sans quelque dédain, par la magnificence de l'invisible.

Les poètes soufis imaginaient que les volumes et les couleurs du monde constituaient le fruit du travail de celui qu'ils nommaient « le peintre de l'origine », dont la palette ne connaissait pas de limites. Nous allons voir, dans ce livre, qu'en certaines occasions, il s'est surpassé.

Mais prudence : ces images « merveilleuses » ne sont que des images. Elles sont, par nécessité, adaptées, non seulement à notre œil (pour qu'il puisse les voir), mais à notre pensée, et même à notre goût. C'est nous qui les déclarons belles. Rien ne nous dit que ce sentiment existe en dehors de nous, dans les ramifications extraordinaires de l'inconnu.

La beauté n'existe peut-être que sur la Terre. Lorsque d'autres se demandent : « Sommes-nous seuls dans l'Univers ? », je me pose une autre question : « Et si nous étions les seuls à nous sentir seuls ? »

Que d'autres formes de vie existent : probable. Que cette vie soit intelligente et organisée : possible. Qu'elle apprécie ses propres beautés, qu'elle soit sensible au sentiment de solitude, ou à d'autres mélancolies : beaucoup plus rare.

C'est pourquoi, le premier émerveillement passé, j'oublie l'image que je regarde, je la laisse s'effacer en moi. Elle n'est plus qu'un support à l'imaginaire, elle a perdu toute réalité. Mes rêveries se glissent entre les étoiles à la recherche d'autres contacts, d'autres dimensions et même, osons le mot, d'autres esprits.

Notre connaissance s'arrête là où commence l'émotion. Et rien n'a plus de prix, pour nous, qu'une émotion nouvelle. Au point que nous confondons souvent sentir et savoir.

Le ciel n'est pas fait pour être encadré sur un mur. Il est là pour nous emporter, nous qui, si frêles et si minuscules que nous soyons, en faisons partie. Il est comme ces tableaux chinois dans lesquels le peintre se réfugiait, en cas de danger. Il est là pour notre évasion et pour notre perte.

Savoir aussi, se dire, se répéter, que même si ces lointains nous sont à jamais inatteignables, tout ce que nous voyons, sur ces images, c'est nous-mêmes. L'univers est notre miroir. Car nous savons aujourd'hui, avec ce que nous appelons une « certitude scientifique » (il y en a d'autres, moins partagées), que nous sommes formés des mêmes atomes que tous les corps célestes que nous avons réussi à voir.

Nous sommes faits de la même matière. Si, d'un côté, les distances vertigineuses où nous nous perdons peuvent nous conduire au découragement, peut-être même au désespoir cosmique (« nous ne sommes rien »), d'un autre côté cette parenté inattendue, atomiquement établie, peut nous consoler, nous étonner, peut-être même nous ravir (« nous sommes tout »).

Enfin, il y a le noir. Tout ce que nous ne voyons pas, et qui pourtant est là. Toute la « matière manquante », dont nous sommes sûrs qu'elle est là, massive, immensément majoritaire, obstinément impénétrable. Hors d'atteinte de tous nos yeux.

C'est une autre leçon du regard. Ce que nous voyons – où que ce soit, là-bas, ici, dehors, dedans – n'a de sens, de valeur, de beauté, que par rapport à ce que nous ne voyons pas. Le noir porte des fruits, qui sont les galaxies, dont les astrophysiciens font la cueillette. Le noir est la porte des apparences. L'extase devant la forme n'est possible que grâce à ce noir qui continue de nous envelopper, quelle que soit la puissance des lumières que nous allumons.

Ainsi, par rapport à « tout le reste », l'Univers visible, celui que nous pouvons, même de très loin, définir et même connaître, nous apprend à mieux regarder nos propres œuvres, nos peintures, nos sculptures, nos romans, et même à écouter nos symphonies peut-être. Car ces œuvres, dont nous sommes si fiers, font naître autour d'elles, comme des ondes insaisissables, tout un ensemble d'autres formes, d'autres phrases, d'autres harmonies (ou disharmonies) que nous pourrons découvrir quelque jour. Des formes que d'autres yeux, d'autres amateurs – sait-on jamais ? – apprécient dès maintenant, peut-être.

Ainsi l'Univers, celui que nous voyons et celui que nous ne voyons pas, nous reconduit finalement à notre porte. Il nous enseigne l'humilité et la fierté, il nous apprend à mieux voir et à mieux écouter toutes choses, et d'abord nous-mêmes.

Le ciel appartient à tous

Jean Audouze

Existe-t-il de plus grand plaisir que celui de sortir par une nuit sans lune et de contempler un beau ciel, loin des pollutions lumineuses citadines ? Depuis plusieurs milliers d'années, les hommes sont fascinés par les spectacles célestes : comme le montrent les vestiges des civilisations de la Mésopotamie, de Chine et d'Égypte, les hommes de ces époques observaient la voûte céleste ; certains attribuent les alignements de Stonehenge et des cromlechs à des considérations astronomiques ; les mythologies indiennes, chinoises, égyptiennes, gréco-romaines... font spécifiquement référence aux relations entre le ciel et la terre ; une étoile annonce la naissance du Christ aux rois mages ; la défaite du roi saxon Harold à Hastings est attribuée à l'apparition d'une comète qui s'avérera être la comète de Halley, comme on peut le voir sur la tapisserie de Bayeux... Nous levons les yeux au ciel et nous cherchons à reconnaître les constellations, la casserole de la Grande Ourse, le W de Cassiopée, le baudrier d'Orion, la tête du Scorpion ou la Croix du Sud (qui figure sur le drapeau de l'Australie) dans l'hémisphère austral. Les spectacles des planétariums sont justement populaires, comme celui du Palais de la Découverte, qui est à la fois le plus ancien en France et le plus connu et qui suscita nombre de vocations vers l'astronomie professionnelle ou amateur. Souvenons-nous aussi de l'apparition dans le ciel de 1996 de la comète Hale-Bopp, de l'éclipse de Soleil du 11 août 1999, visible au Nord de la France, du transit de Vénus devant le Soleil le 8 juin 2004... Sans oublier le succès, chaque année des « nuits des étoiles » du mois d'août et celui de la célébration de l'année mondiale de l'astronomie en 2009.

Contrairement à la plupart des autres livres consacrés à l'astronomie, celui-ci n'a pas l'ambition d'être « savant ». Il constitue tout simplement une invitation à l'observation et à l'exploration du ciel. Le firmament n'est pas seulement fascinant; il est aussi intrinsèquement beau. Au gré des différentes images rassemblées ici, on peut admirer à loisir d'abord les différents composants du Système solaire, le Soleil lui-même qui est l'archétype des étoiles, les huit planètes qui gravitent autour de lui dans le plan de l'écliptique, Pluton qui est passé en 2006, après un vote de l'Union astronomique internationale dans la catégorie des planètes noires naines, quelques satellites comme la Lune, Io, Europe, Titan, Encelade et Triton et la comète Hale–Bopp. Puis on se retrouve dans le domaine des étoiles proprement dites, que l'on peut admirer dans différents stades de leur évolution (jeunes étoiles bleues, étoiles rouges plus âgées, nébuleuses planétaires qui signent la fin de l'évolution d'étoiles comparables au Soleil ou supernovæ qui ne sont rien d'autre que l'embrasement final d'étoiles plus massives), des deux types d'amas (ouverts ou globulaires) qui en rassemblent un grand nombre, ainsi que dans celui du milieu interstellaire dans lequel elles évoluent avec ces magnifiques nébuleuses faites de gaz plus ou moins denses et de poussières. On aborde enfin le monde des galaxies, ces splendides structures analogues à notre Voie lactée, admirable draperie qui traverse un ciel bien noir, et qui rassemblent chacune entre 10 et 1000 milliards d'étoiles. Les morphologies des galaxies sont à la fois variées et passablement spectaculaires. On s'aperçoit qu'elles interagissent souvent entre elles, ce qui donne lieu à d'autres images merveilleuses. Le livre se termine sur la vision d'un amas de galaxies et sur la carte des irrégularités du rayonnement micro-onde fossile qui remplit tout l'Univers observable. Grâce à cette carte qui constitue un beau tableau non figuratif, les cosmologistes déterminent l'âge de l'Univers avec trois chiffres significatifs (13,7 milliards d'années) et se convainquent que la matière nucléaire dont nous sommes formés ne représente que 10 % du contenu matériel de l'Univers. Ils invoquent aujourd'hui l'existence d'une énergie primordiale trois fois plus importante que l'ensemble de la matière pour rendre compte de cette belle carte.

L'élaboration d'un tel ouvrage, qui cherche à procurer le même plaisir que celui que l'on peut éprouver devant des sites naturels exceptionnels comme le Grand Canyon du Colorado, les chutes du Niagara, les îles Maldives..., d'autres conçus par l'Homme tels le Taj Mahal, Venise ou la chapelle Sixtine ou encore des œuvres d'art sublimes, répond à une conviction profonde selon laquelle le ciel appartient à tous, jeunes ou vieux, quelque soit leur situation économique ou intellectuelle ou leur origine géographique. Le devoir des astronomes professionnels, qui ont la chance d'exercer une activité particulièrement attrayante, n'est pas seulement de chercher à percer les mystères de l'Univers. C'est aussi d'aider leurs contemporains à goûter des joies et des plaisirs que l'on peut éprouver devant ces images qui constituent chacune l'une des facettes de ce monde dans lequel nous vivons.

Je remercie Jean-François Colosimo de m'avoir confié la présentation de ce document, Marie Bellosta qui m'a accompagné dans sa conception et Michèle Fraudreau, Sylvain Collet et Élodie Gesnel qui ont veillé à sa réalisation graphique. Francis Delabarre a rassemblé la plupart des clichés reproduits ici. Jean-Claude Carrière, l'un de « mes complices en astronomie », a bien voulu préfacer l'ouvrage et semer ici et là quelques textes brefs de son inspiration. Erik Orsenna joue le rôle de « Monsieur Loyal » vis-à-vis de chacune des trois parties de l'ouvrage et conclut ce « livre d'images astronomiques ». Je souhaite leur témoigner ici à tous deux ma gratitude et mon admiration

Au moment où je rédige les légendes de ces photos du cosmos, l'auteur-comédien Philippe Avron, mon ami, meurt alors qu'il remportait un grand succès en Avignon avec son dernier spectacle *Montaigne, Shakespeare, mon père et moi*. Chaque fois que nous nous voyions, il me posait la même question : « Alors, Jean, quelles sont les dernières nouvelles du ciel ? ». Ses derniers monologues, *Big Bang, Je suis un saumon, Le fantôme de Shakespeare, Mon ami Roger*, faisaient allusion d'une façon ou d'une autre aux étoiles, à l'Univers. Je dédie cet ouvrage à Philippe qui savait si bien voir les merveilles du firmament, en parler et en jouer.

Le Système solaire et les planètes

Louis XIV avait vu juste : le Système solaire est un théâtre, ou une Cour, ce qui revient au même. Au centre de tous les regards, de tous les mouvements, brille une étoile : le Soleil. Autour gravite un peuple de courtisans, à commencer par les planètes. Celles-ci sont au nombre de huit. Les quatre premières sont les plus petites mais les plus denses. Elles ont ce privilège de se promener au plus près de l'étoile. Ce sont Mercure, Vénus, la Terre et Mars. On les appelle « planètes telluriques ». Les quatre autres enragent d'être reléguées plus loin du Soleil. Elles cherchent des compensations dans leurs tailles, plus imposantes. Elles portent le nom de « planètes géantes ».

La Terre a une particularité, dont elle ne cesse d'être fière. C'est une originalité que jalousent les autres planètes telluriques : un satellite de belle taille tourne autour d'elle, la Lune.

Les planètes géantes, elles, ne comptent pas leurs satellites. Et pour faire bonne mesure, elles sont toutes entourées d'anneaux.

Mais cette Cour, ou ce théâtre (le système solaire), pullule de bien d'autres personnages de moindre importance, par exemple les « planètes naines noires » dont la plus connue est Pluton. Un vote républicain en 2006 a fait reculer cette dernière dans la hiérarchie de la Cour solaire.

Entre les orbites de Mars et de Jupiter se promènent des astéroïdes, de taille généralement modeste.

Et n'oublions pas les comètes. Elles proviennent des confins du système solaire et passent, indifférentes, en suivant des trajectoires qui leur sont propres.

Erik Orsenna

Le Soleil

Le Soleil est l'étoile située au centre d'un système composite comprenant 8 planètes, dont la Terre, et tous leurs satellites, plusieurs planètes naines noires dont Pluton, des astéroïdes situés pour la plupart entre les orbites de Mars et de Jupiter, des comètes et de nombreux cailloux et roches de taille et de masse diverses dont certains tournent autour des planètes géantes et forment des anneaux, tandis que d'autres viennent à tomber sur la Terre et sont appelés météorites. Cet ensemble est né il y a 4,55 milliards d'années de la contraction d'un gros nuage de gaz interstellaire.

Le Soleil, à proprement parler, est une étoile de couleur jaune orangé : la température qui règne à sa surface est de 5 300 °C environ. Il a 700 000 km de rayon et une masse de 2 10^{27} tonnes (sa densité moyenne est de 1,4 g/cm^3). Il tourne lentement sur lui-même en 27,3 jours. Mais sa rotation est différente d'un point de sa surface à un autre : il tourne plus vite à l'équateur (en 24,7 jours) qu'aux pôles (en 35 jours). Sa distance à la Terre est de 150 millions de km, et sa lumière nous parvient environ 8 minutes après qu'il l'ait émise.

On distingue trois zones internes et on divise également sa surface en trois sous structures. Le Soleil émet, en effet, un fort rayonnement de 4 10^{23} kW et ce depuis ces 4,5 milliards d'années. Il tire cette colossale quantité d'énergie des réactions thermonucléaires de fusion qui transforment l'hydrogène en hélium dans ses régions centrales où règnent des températures de l'ordre de 15 millions de degrés et des densités d'environ 150 g/cm^3. Cette zone centrale dont le rayon est égal au quart du rayon solaire est surmontée par une couche inerte qui s'étend de 0,25 à 0,7 rayon solaire dans laquelle la chaleur se transmet par une succession d'absorptions et d'émissions de lumière. Au-dessus de celle-ci se trouve la zone convective externe soumise à de fortes turbulences : les mouvements de convection qui s'y produisent sont à l'origine des taches solaires que l'on peut voir à sa surface.

La zone convective est surmontée de la photosphère qui s'étend sur une centaine de km, au sein de laquelle se forment les différentes raies du spectre lumineux solaire qui signent chacune un atome ou un ion différent. Au-dessus de la photosphère, on distingue d'abord la chromosphère profonde d'environ 2 000 km où la température passe de quelques milliers de degrés à plus de 100 000 dans sa partie externe et la couronne, que l'on ne peut voir que lors des éclipses totales de Soleil ou par satellite, qui est faite d'un gaz ou plutôt d'un plasma (gaz ionisé) à la fois ténu et très chaud puisque sa température dépasse le million de degrés. C'est à partir de cette couronne que le Soleil émet des flux de particules que l'on appelle « vent solaire ». On remarque en haut et à droite de ce cliché une superbe éruption induite par l'action simultanée du champ magnétique solaire et des mouvements de convection des zones externes (voir page suivante).

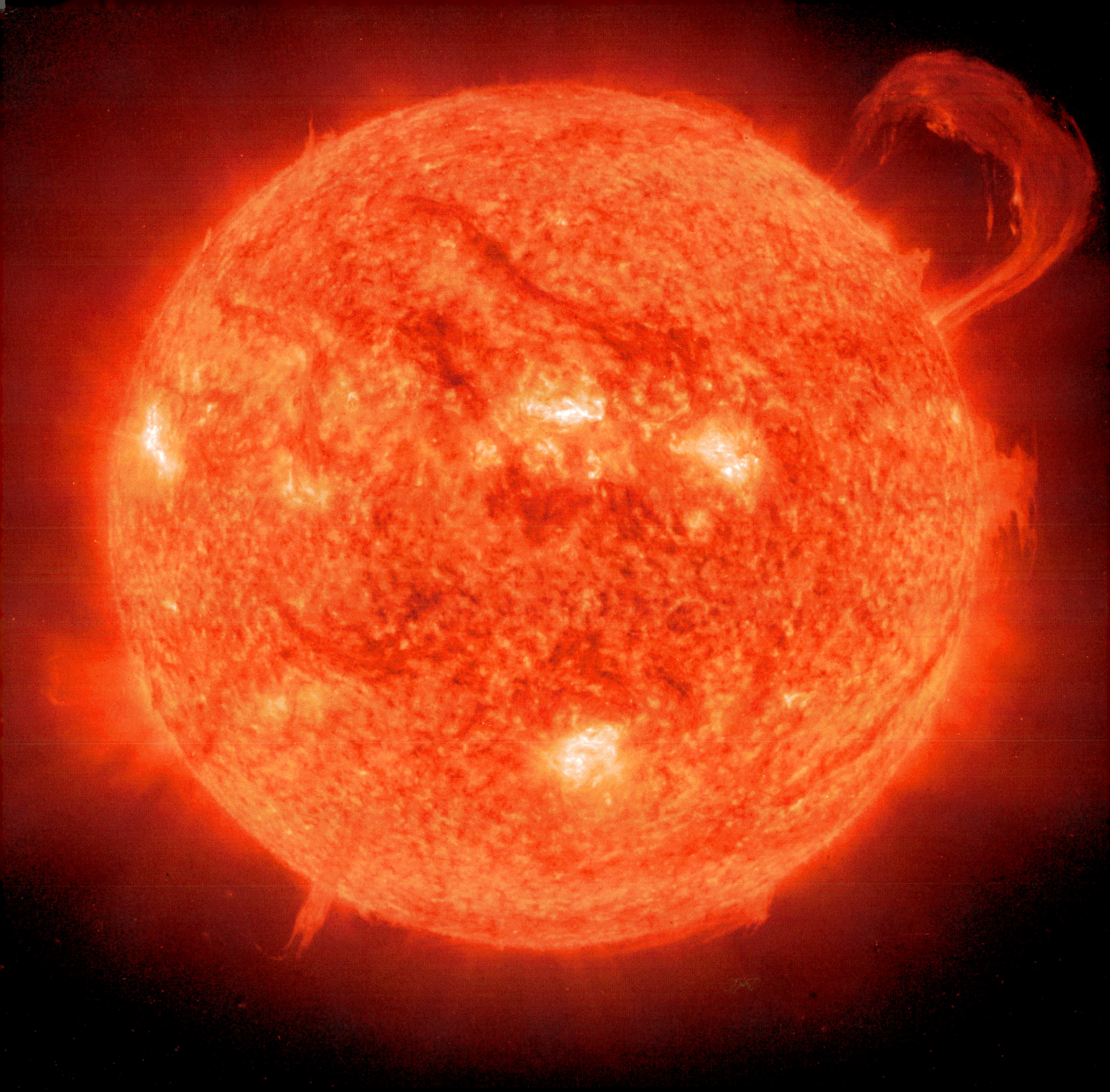

Le Soleil est soumis à des champs magnétiques intenses qui peuvent atteindre des valeurs 10 000 fois supérieures à celles des champs magnétiques terrestres. L'action de ces champs magnétiques, ajoutée à la convection des zones sous-jacentes et à la rotation différentielle du Soleil génère des éruptions telles que celle que l'on peut voir sur ce cliché : Une région particulière de la surface du Soleil est soumise à une éruption que l'on appelle protubérance ou sursaut solaire. La matière est guidée à la fois par les mouvements convectifs à la base de la surface solaire et par le champ magnétique solaire. Elle peut s'élever ainsi à des centaines de milliers de km au-dessus du Soleil. La fréquence de telles éruptions ainsi que celui de l'apparition des taches solaires suit un cycle de 11 ans, vraisemblablement lié à cette interaction entre le magnétisme et la rotation solaires.

Une éruption solaire

Un alien gigantesque, qui nous semble masqué de feu, s'élève en tourbillonnant sur la surface du Soleil. Une masse de gaz où nous voyons un œil. Nous sommes au cœur de notre système. Qui nous observe ?

Certains disent que nos humeurs, et même nos humeurs belliqueuses, sont liées à ces poussées de fièvre de l'astre qui nous réchauffe, qui nous éclaire, et autour duquel nous tournons. Il déciderait de nos guerres. Belle façon de nous innocenter.

Nous avons toujours tenté de nous relier aux astres, qui s'en foutent.

On nous dit aussi qu'un jour tout ceci s'éteindra, que l'astre dieu perdra force et chaleur. Oui, tout disparaîtra, même le Soleil et ses colères. Heureusement, nous dit-on aussi, nous ne serons plus là.

Où serons-nous ?

Trouverons-nous, avant cette échéance, une autre étoile flamboyante pour accueillir nos inquiétudes ?

Jean-Claude Carrière

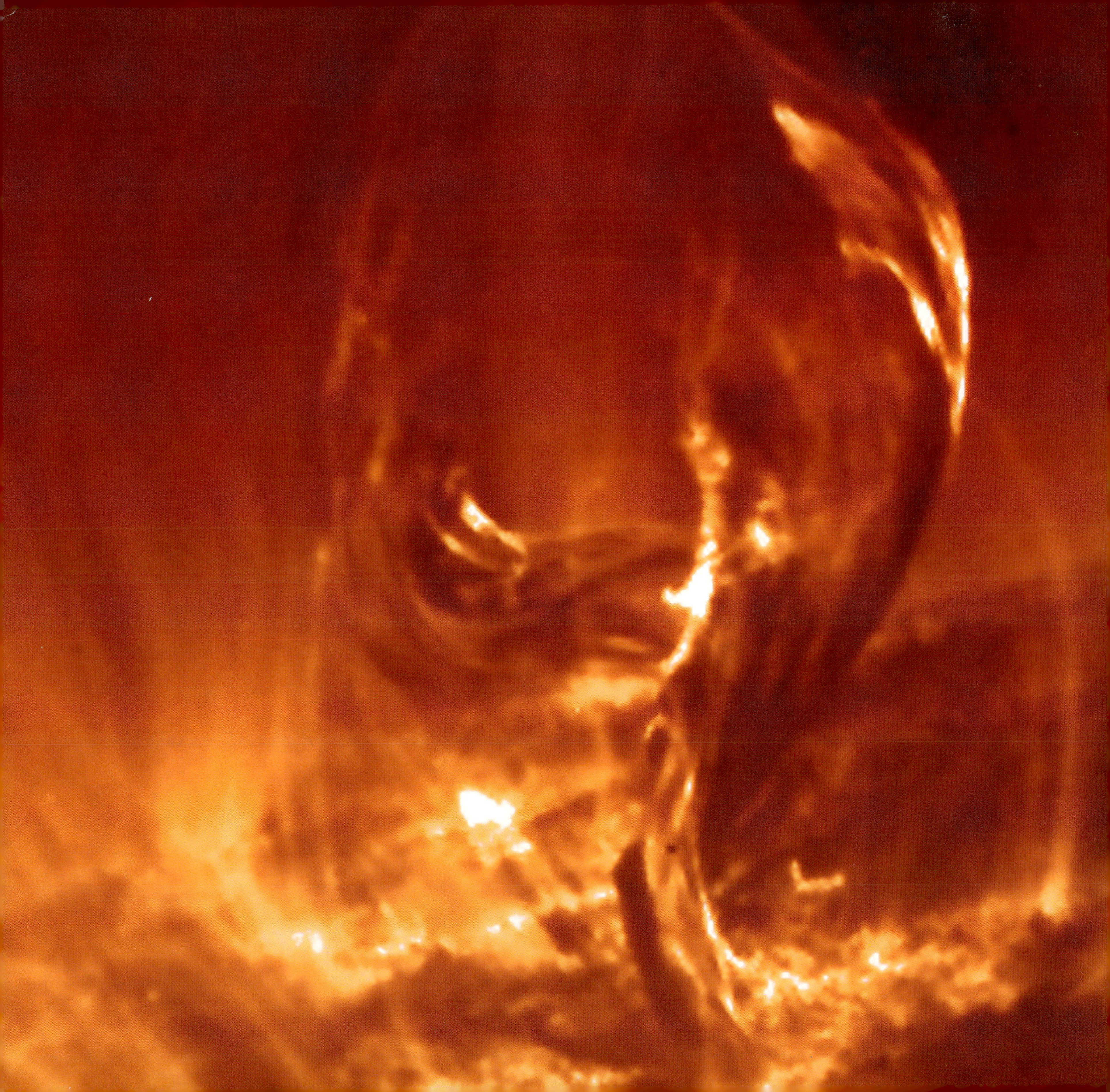

Ce transit de la planète Vénus passant devant le Soleil a pu être observé en France le 8 juin 2004 au matin. Il dura environ 6 heures pendant la matinée de ce jour. Ce phénomène se répète tous les 243 ans et consiste en deux paires de transits espacés de 8 ans et séparées d'abord de 121,5 ans, puis de 105,5 ans. Les transits précédents eurent lieu en décembre 1874 et décembre 1882. On pourra observer le transit prochain le 6 juin 2012 depuis Hawaï, le Pacifique, l'Australie et l'Asie orientale. Puis il faudra attendre 2117 et 2125 pour observer à nouveau ce phénomène. Cette périodicité est due aux mouvements relatifs de la Terre et de Vénus autour du Soleil.

Vénus passant devant le Soleil

On constate *de visu* la différence de dimensions du Soleil et de Vénus : il existe un facteur 109 entre leurs rayons respectifs (700 000 km pour le Soleil et 6 050 km pour Vénus) – le Soleil peut contenir en principe 1,3 million de « Vénus » ou de « Terres ».

Ce passage de Vénus qui se traduit par la superposition de cette petite tache sombre circulaire au-dessus du limbe solaire entraîne une diminution ténue de la luminosité du Soleil. Lorsque l'on a la chance d'observer une diminution périodique et du même ordre de grandeur (de l'ordre d'un millième de magnitude) de la luminosité d'une étoile proche, on peut en déduire avec certitude qu'une planète plus ou moins grosse orbite autour de cette étoile. Ce type d'observation constitue l'un des meilleurs moyens de mettre en évidence l'existence de planètes extrasolaires.

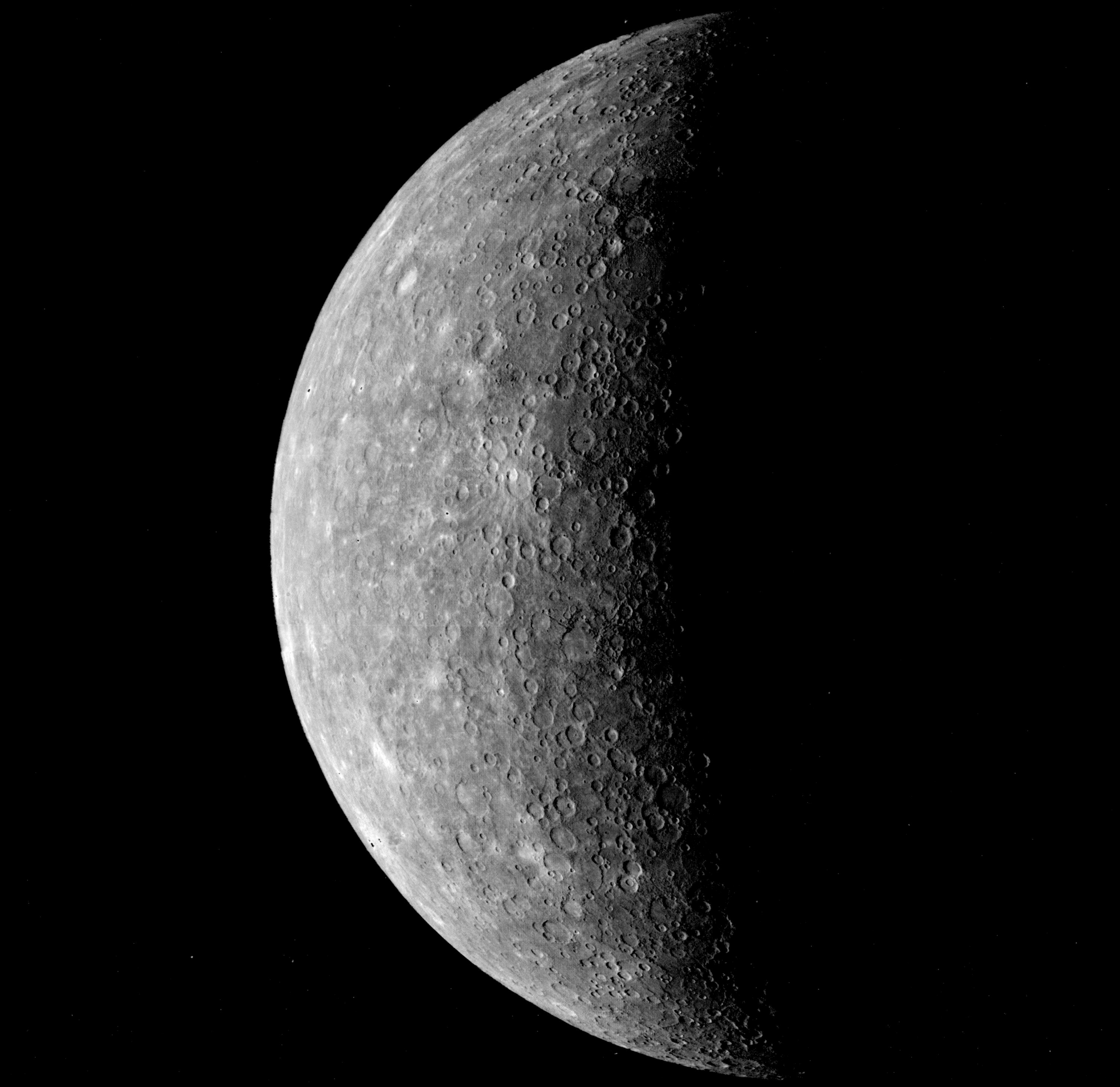

Mercure

Mercure est la planète la plus proche du Soleil. Son orbite est très excentrique puisqu'elle varie de 48 à son périhélie à 70 millions de km à son aphélie avec une valeur moyenne de la distance Soleil – Mercure égale à 58 millions de km. Comme elle tourne autour du Soleil en 88 jours, elle est animée d'un mouvement apparent rapide dans le ciel. D'où l'origine vraisemblable de son nom puisque Mercure était le dieu du commerce et des voyages. Son périhélie et son aphélie tournent eux-mêmes autour du Soleil. Les astronomes avaient remarqué depuis longtemps que le mouvement du périhélie « avançait » de 43 secondes d'arc par siècle (une seconde d'arc correspond à un angle égal à 1/3 600 de celui d'un degré). Il faut attendre Einstein et l'avènement de sa théorie de la Relativité générale en 1917 pour rendre compte de cette légère mais significative avance.

Cette planète qui tourne sur elle-même en 59 jours (son « jour » est égal aux 2/3 de son « année ») est aussi la moins massive : sa masse est de 3,3 10^{20} tonnes, soit 5,5 % de celle de la Terre. Son rayon est 2 440 km et sa densité (5,4 g/ cm^3) est comparable à celle de Vénus et de la Terre : on suppose que Mercure possède un cœur métallique important de 1 830 km de rayon, occupant donc environ 40 % de son volume et dont la masse serait de 2 10^{20} tonnes (60 % du total).

Mercure est quasiment dépourvue d'atmosphère : comme dans le cas de la Lune qui lui ressemble beaucoup à la densité près (environ deux fois plus élevée pour Mercure), sa masse n'est pas suffisante pour retenir les gaz légers. Sa température au sol varie entre -180 °C en phase nocturne à plus de 400 °C en phase diurne. Sa surface est fortement cratérisée. On attribue une grande partie des cratères dont le plus grand, le « bassin Caloris » qui s'étend sur 1 300 km, aux nombreux chocs induits par des « planétésimes » (des fragments de planète) au moment de la formation du Système solaire. Signalons aussi que cette planète qui n'est visible qu'au lever ou au coucher du Soleil ne possède qu'un faible champ magnétique égal au 1/60e de celui de la Terre et n'a pas de satellite.

Une mission spatiale, du nom de Beppi-Colombo, fruit d'une collaboration entre l'Agence spatiale européenne et l'Agence spatiale japonaise doit être lancée en 2014 pour arriver au voisinage de Mercure en 2020. Elle consiste en deux satellites, l'un devant cartographier et prendre en photos la planète et l'autre étant chargé d'analyser ses champs magnétiques.

Vénus

Vénus est une planète tellurique proche du Soleil et de la Terre : elle tourne autour du Soleil en 224,7 jours sur une orbite située à 0,72 unité astronomique (108 millions de km) du Soleil. C'est une planète qui a quelques ressemblances avec la Terre mais surtout des différences essentielles dont les températures qui règnent à sa surface et la quasi-absence de l'eau à la fois dans son sol et dans son atmosphère.

Côté ressemblances, elle a quasiment la même taille que notre planète : un rayon de 6050 km, soit 95 % de celui de la Terre et une masse de 4,9 10^{21} tonnes, soit 82 % de celle de la Terre. Sa densité est de 5,2 g/cm^3 (à comparer avec les 5,5 g/cm^3 de la Terre). Ces similitudes s'arrêtent là : en premier lieu, le mouvement de Vénus sur elle-même est très lent puisqu'il lui faut 243 jours pour effectuer un seul tour sur elle-même. En d'autres termes son « jour » est plus long que son « année ». De plus, elle tourne de façon rétrograde, dans le sens contraire des autres planètes (à l'exception d'Uranus). Enfin elle n'a quasiment pas de magnétisme et pas de satellite.

Son atmosphère est extrêmement dense : elle est pratiquement cent fois plus massive que celle de la Terre (4,8 10^{17} tonnes à comparer avec les 5,3 10^{15} tonnes de la nôtre). La pression au sol est 92 fois plus élevée sur Vénus que sur Terre. La composition de cette atmosphère est de 96,5 % de gaz carbonique, 3,5 % d'azote et des traces de dioxyde de soufre, d'argon et de vapeur d'eau. Cette grande quantité de gaz carbonique engendre un effet de serre important à la surface de Vénus dont la température (460 °C) est supérieure à celle de Mercure (420 °C) et ce malgré le fait que Vénus se trouve à une distance double par rapport au Soleil que Mercure. Cet effet de serre est amplifié par la présence de nuages riches en acide sulfurique évoluant entre 45 et 70 km d'altitude dans son atmosphère. On sait aussi depuis les années 1960 que l'atmosphère de Vénus tourne sur elle-même en 4 jours, soit 60 fois plus vite que la planète elle-même.

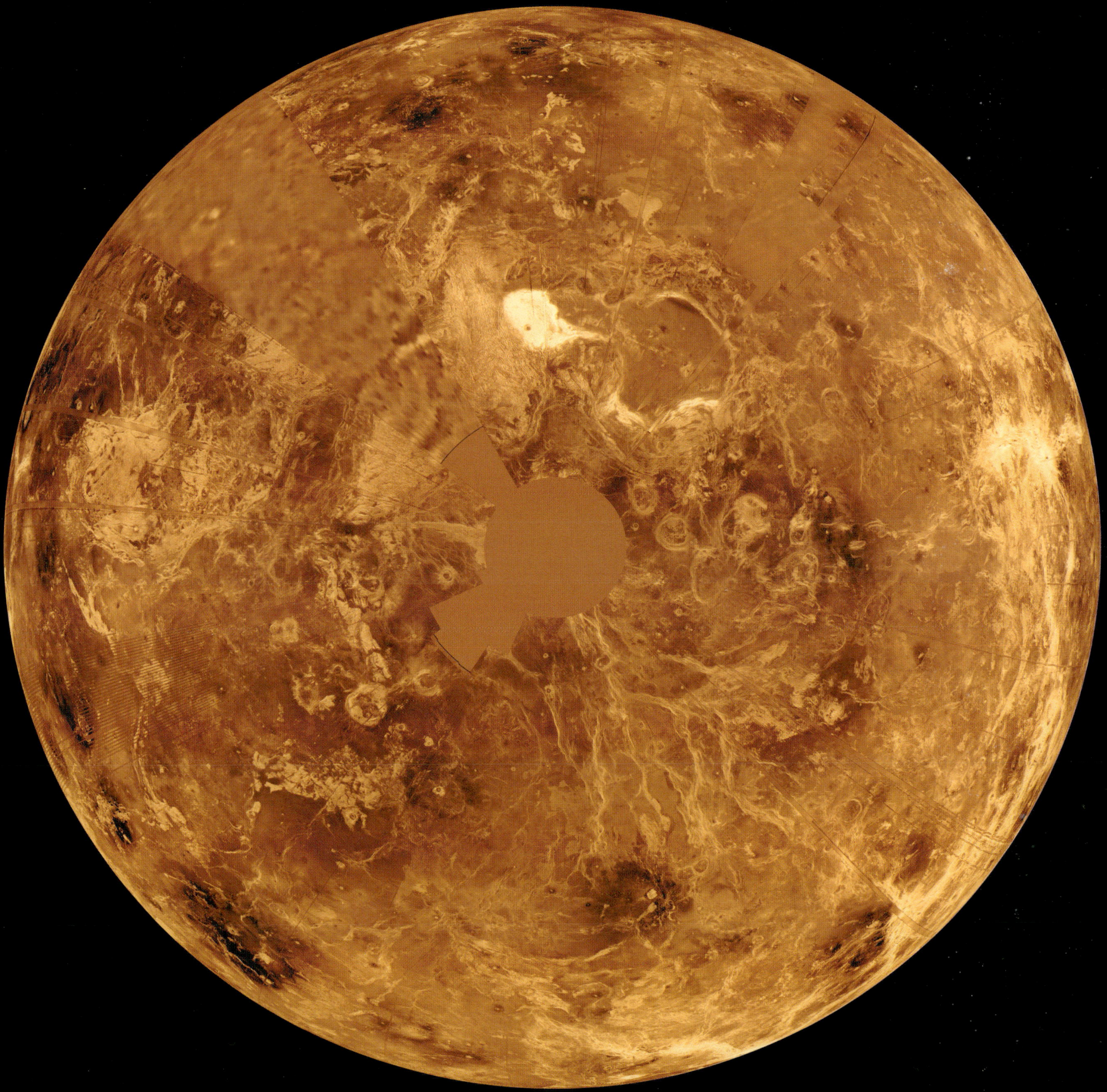

On reproduit ici une photographie d'un volcan de Vénus : « Gula Mons » qui repose sur une base basaltique et qui culmine à 3 000 m. La topographie vénusienne montre que sa surface est constituée de 70 % de plaines, 20 % de régions basses et 10 % de reliefs avec comme point culminant le Mont Maxwell haut de 11 km. Vénus a connu une activité volcanique importante il y a 500 à 700 millions d'années. On voit d'ailleurs d'importantes coulées de lave sur ce cliché. En effet, les volcans de Vénus laissent échapper de la lave basaltique de façon plus ou moins continue comme les volcans terrestres de type hawaïen.

La structure interne de Vénus est semblable à celle de la Terre (noyau métallique, manteau et croûte silicatés). En revanche, il n'y a pas de tectonique des plaques sur Vénus comme il y en a sur notre planète.

Un volcan actif à la surface de Vénus

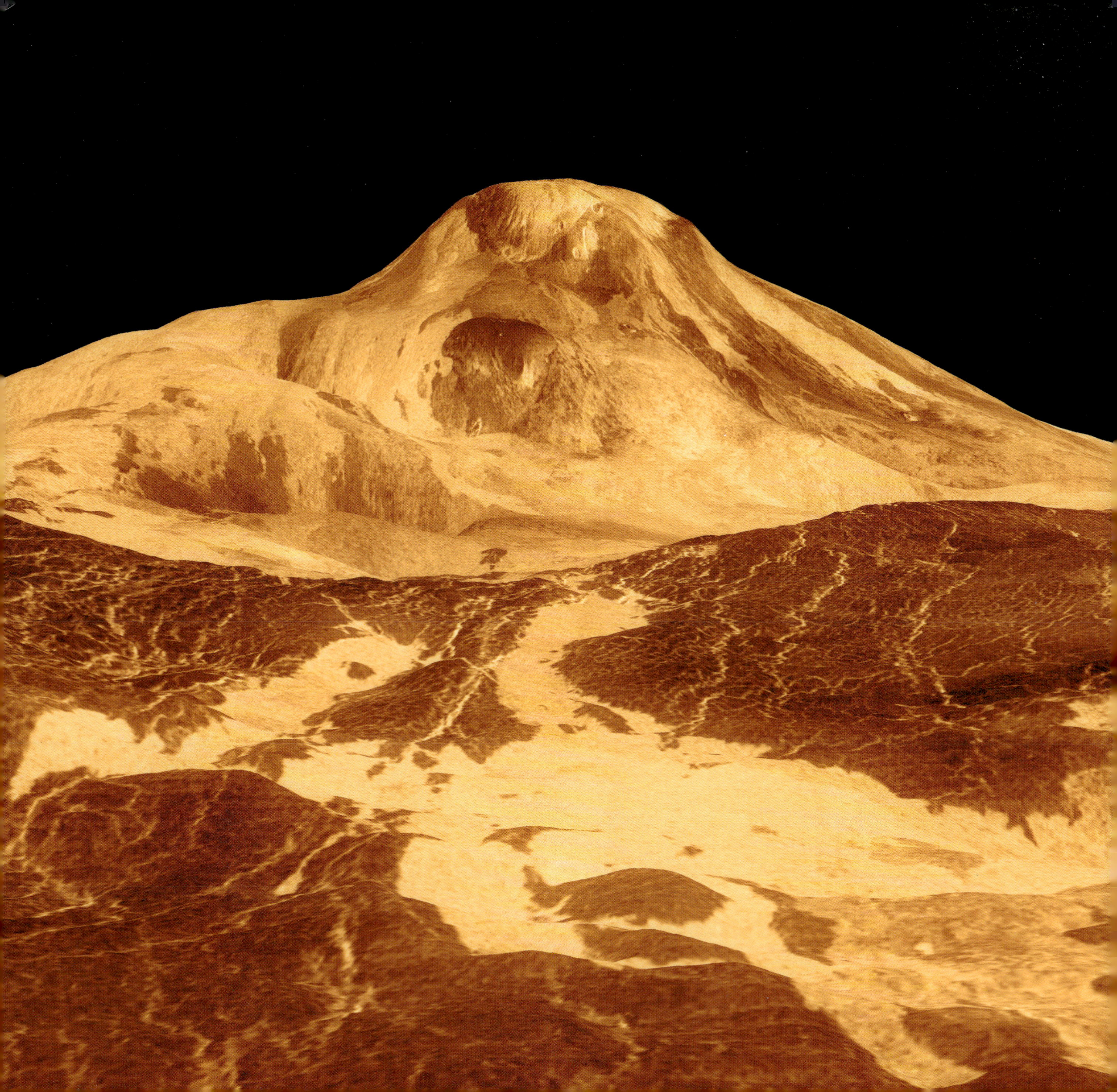

La Terre

La Terre est située à 149,5 millions de km du Soleil. Elle parcourt son orbite, pratiquement circulaire, en 365,25 jours. Elle tourne sur elle-même en 23 h 56 min 4 s et son axe de rotation est incliné de 23°26' par rapport à celui du Soleil. Cette inclinaison est à l'origine des saisons. Son diamètre équatorial est de 12 756 km et son diamètre polaire est légèrement plus petit (12 713 km) : cet aplatissement est dû à sa rotation sur elle-même. Elle est donc la plus grande et la plus grosse (une masse de 6 10^{21} tonnes) des quatre planètes telluriques et aussi la seule à posséder un satellite conséquent (la Lune). Du fait de sa taille, elle a une atmosphère étendue ; en raison de sa distance par rapport au Soleil et de la présence dans son atmosphère de gaz à effet de serre, la température moyenne à sa surface est de 15 °C ; elle est également recouverte d'eau sur les 2/3 de sa surface. La présence de la Lune la stabilise sur son orbite et est à l'origine des marées océaniques. Mentionnons également que la Terre est la seule planète à subir une transformation continuelle de sa surface qui est soumise au volcanisme et à de nombreux séismes induits par la structure en plaques de sa croûte continentale. La structure interne de la Terre se divise schématiquement en trois zones, le cœur de fer–nickel qui s'étend sur 3 500 km, le manteau riche en silicates sur 2 900 km avec un manteau inférieur de 2 250 km et un manteau supérieur de 650 km et la croûte rocheuse ayant une d'environ 100 km. Les positions des frontières entre les différentes zones sont déterminées par l'analyse de la transmission des ondes sismiques à l'intérieur de la Terre. Sa densité relativement élevée (5,5 g/cm^3) s'explique par l'importance de son cœur métallique. On évalue à 5 100 °C la température au centre de la Terre qui s'explique par sa contraction gravitationnelle sur elle-même. Rappelons enfin que la croûte terrestre est très active et marquée par la tectonique des plaques.

L'atmosphère terrestre

Depuis la vision de la Terre de l'espace en 1968 et 1969, on donne à celle-ci le nom de « planète bleue ». Elle doit cette dénomination à la couleur dominante de ses océans et de son atmosphère. La Terre est effectivement pourvue d'une atmosphère étendue que l'on divise en cinq zones. La plus basse dans laquelle nous vivons et évoluons s'appelle la troposphère et s'étend sur une quinzaine de km. Elle contient la quasi-totalité de la vapeur d'eau et les 9/10e de la masse d'air que nous respirons. C'est dans cette couche que se forment les vents et que l'eau circule par évaporation, nuages et précipitations. Elle est surmontée de la stratosphère qui va jusqu'à une altitude de 50 km. C'est à l'intérieur de la stratosphère que la molécule triatomique d'oxygène, l'ozone, a sa teneur la plus élevée. Rappelons que cet ozone stratosphérique sert de bouclier contre le rayonnement ultraviolet solaire. D'où l'importance qu'il y eut de bannir les molécules de chloro-fluoro-carbures (les CFC) qui détruisaient cet ozone et contribuaient à agrandir son trou, principalement dans les zones polaires. Ce que l'on appelle l'ionosphère s'étend de 50 à 10 000 km d'altitude et se divise en mésosphère de 50 à 85 km où les températures tombent à -90 °C, surmontée de la thermosphère de 85 à 690 km, où la température augmente à nouveau jusqu'à 1 600 °C ; puis enfin, l'exosphère grande de 690 à 10 000 km. Le vent solaire, c'est-à-dire ces particules énergétiques émises par les éruptions et les sursauts solaires, le rayonnement ultraviolet solaire conjugués au magnétisme terrestre ionisent (d'où son nom) la partie supérieure de l'atmosphère terrestre qui transmet aisément les ondes radio et dont la thermosphère est soumise de temps en temps aux magnifiques phénomènes des aurores boréales ou australes induites par les éruptions solaires dans les régions polaires.

Concernant le magnétisme terrestre produit par les mouvements de la zone métallique liquide au cœur de la Terre, il convient de se rappeler que les pôles nord et sud magnétiques ne coïncident pas exactement avec les pôles géographiques : le pôle nord magnétique est distant de 550 km du pôle nord et le pôle sud magnétique se trouve en Terre Adélie. Ces deux pôles dont l'axe fait un angle de 11° avec l'axe de rotation de la Terre se déplacent continûment à sa surface.

Le gaz dominant dans l'atmosphère terrestre est l'azote pour environ 78 %, suivi de l'oxygène (21 %), et de l'argon (1 %). Les deux autres espèces chimiques qui jouent un rôle important en raison de leur effet de serre sont la vapeur d'eau (entre 1 à 4 %) et le gaz carbonique CO_2 (actuellement 0,0382 %, mais dont la croissance est exponentielle depuis le début de l'ère industrielle). L'atmosphère actuelle n'a que peu à voir avec l'atmosphère primitive : l'oxygène que nous respirons n'est apparu dans l'atmosphère qu'il y un temps compris entre 1 à 2 milliards d'années en raison de l'effet conjugué du volcanisme et de l'assimilation chlorophyllienne.

L'Homme dans l'espace

Cette photo représente un spationaute dans l'espace (photo prise depuis la navette *Discovery* de la NASA).

L'Homme cherche à voler et à s'élancer dans l'espace peut-être depuis l'origine de notre espèce (voir le mythe d'Icare). Les frères de Montgolfier font monter leur ballon en 1783 et Clément Ader réussit le premier vol d'avion en 1890. Mais le véritable moment où l'humanité accède à l'espace, c'est le premier vol du Spoutnik soviétique en octobre 1957. Il s'écoule moins de quatre ans entre ce vol inaugural et celui du premier homme dans l'espace, le soviétique Youri Gagarine, à bord d'un Vostock, le 12 avril 1961. Le 21 juillet 1969, nombreux sont les téléspectateurs de par le monde tout entier à assister aux premiers pas sur la lune de Neil Amstrong et Buzz Aldrin. Depuis lors, plusieurs dizaines de spationautes américains, russes, européens et chinois sont allés dans l'espace, soit dans des stations spatiales (Saliout, Mir et maintenant la Station spatiale internationale) ou encore en empruntant la navette spatiale américaine. Il faut rappeler que les spationautes américains et européens ont remis en état à deux reprises le télescope spatial Hubble qui demeura astigmate de 1990 à 1993. Les deux grands rêves du moment sont, d'une part de retourner sur la Lune (si les Américains abandonnent ce projet, il sera certainement accompli par les Chinois et/ou les Indiens), d'autre part celui d'envoyer des hommes explorer la planète Mars, ce qui me paraît assez chimérique pour encore de nombreuses années, compte tenu des prouesses technologiques et biologiques à réaliser pour protéger ces futurs spationautes des irradiations spatiales et pour leur assurer toutes les fonctions vitales pendant un temps de l'ordre de deux ans.

L'envoi de l'Homme dans l'espace coûte cher et un débat existe dans le monde scientifique sur l'utilité réelle de ces vols habités par rapport aux budgets qu'il faut leur consacrer : d'un strict point de vue économique, il est préférable de réaliser des vols instrumentaux qui rapportent de très nombreuses données scientifiques à des coûts « supportables ». Ceci étant, l'Homme souhaite toujours aller au bout de ses explorations : les vols habités ont donc un bel avenir devant eux.

La Station spatiale internationale (ISS)

La Station spatiale internationale (ISS) est un habitat placé dans l'espace à une altitude de 400 km. Elle fait le tour de la Terre en 1 h 30 puisqu'elle se déplace à une vitesse de 7,7 km/sec. Les États-Unis et la Russie sont les deux pays les plus impliqués dans ce programme dont la construction doit s'achever en 2011. Le Canada, le Japon et les dix pays membres de l'Agence spatiale européenne contribuent également à des degrés divers à cette station dont les dimensions finales seront 110 x 74 x 30 m et la masse totale de 400 tonnes.

Cette station consiste en une quinzaine de modules différents dont quatre dévolus aux expériences scientifiques, soit un volume de 900 m^3 pressurisé dont 400 habitables par un équipage de 2 à 3 (pouvant aller jusqu'à 6) spationautes qui y séjournent pendant des durées de l'ordre de 3 mois. Des panneaux solaires déployés sur 2 500 m^2 fournissent l'électricité nécessaire à la vie à bord et à la réalisation des expériences scientifiques. Celles-ci concernent principalement d'une part la biologie et la médecine, en particulier l'examen des conséquences sur la santé de la vie dans l'espace, d'autre part la physique des fluides et des solides en microgravité, par exemple la croissance de cristaux en apesanteur. Cependant, lorsque l'on compare la somme des résultats scientifiques récoltés par l'ISS au budget consacré à sa construction et à son fonctionnement, force est de constater que le « rendement scientifique » de l'ISS n'est pas à la hauteur des investissements financiers mobilisés dans cette opération. Ceci étant, l'ISS peut se révéler utile dans la perspective de l'envol et le séjour de l'Homme vers et sur la planète Mars.

La Lune

La Lune est distante de 384 400 km de la Terre ; elle a un diamètre de 3 774 km. Le rapport entre ces deux grandeurs est le même pour le Soleil et pour la Lune, une heureuse coïncidence qui permet à la Lune d'éclipser totalement de temps en temps le Soleil à raison d'environ une fois par an dans une région déterminée du globe. Sa masse est de 7,3 10^{19} tonnes soit environ 1 % de celle de la Terre et sa densité de 3,3 g/cm^3. Elle tourne autour de la Terre en 27,3 jours et sur elle-même avec la même période, ce qui fait qu'elle présente toujours la même face à la Terre. Les marées qu'elle imprime aux océans de la Terre ont pour effet de ralentir sa rotation et d'éloigner de près de 4 cm par an les deux astres l'un de l'autre.

La masse de la Lune n'est pas suffisante pour lui maintenir une atmosphère significative. La température au sol connaît de grandes variations (de -180° à 300 °C). Sa surface est couverte de nombreux cratères dus aux bombardements de celle-ci par des météorites, en cela analogue à celle de Mercure. On observe une succession de terrains sombres auxquels on a donné le nom de « mers » qui sont plus riches en basaltes que les terrains clairs qui les entourent. La face cachée de la Lune est pratiquement dépourvue de mers, ce qui indique que les épanchements de basalte ne s'y sont quasiment pas produits. Le retour des échantillons de roches lunaires par les missions Apollo (380 kg de roches ramenés par les six missions Apollo 11, 12, 14, 15, 16 et 17 de 1969 à 1972) ont mis en évidence l'existence d'un minéral spécifique à la Lune, dit KREEP (K = potassium, REE = terres rares et P = phosphore) dans les « continents » clairs qui serait spécifique au magma qui recouvrait la surface de la Lune. Quand on compare la composition de la Lune à celle de la Terre, on note davantage de silicium, de magnésium, de calcium, d'aluminium et de titane et moins de fer, de sodium et de potassium que sur Terre. On se souvient qu'en 2009 la NASA a rapporté la découverte d'une présence d'eau dans un cratère lunaire. Néanmoins, rapportée à la même masse de roche, la teneur en eau est au plus 1 000 fois plus faible sur la Lune que sur Terre. Le sol lunaire est remarquablement stable (il n'y a quasiment pas de « tremblements de Lune ») et le magnétisme lunaire est très faible, sinon inexistant.

Concernant son origine qui a donné lieu à de nombreux débats dans le passé, on s'accorde aujourd'hui sur le scénario selon lequel la Terre (au début de son histoire) aurait subi un choc avec un corps de la taille de Mars qui lui aurait arraché un important fragment qui aurait évolué jusqu'à devenir la Lune.

Le véhicule lunaire des missions Apollo 15 à 17

On voit ici un des spationautes américains à côté d'un véhicule électrique qui ne pouvait se déplacer que lentement sur le sol lunaire, à une vitesse inférieure à 14 km/heure. Ceci étant, il pouvait transporter jusqu'à 490 kg de matériel sur un rayon de 90 km. Ce véhicule, qui pouvait se transporter replié, donnait donc aux spationautes une certaine autonomie et leur a permis d'aller prélever des échantillons à différents endroits. Le sol lunaire est recouvert d'une couche de poussières granuleuses, à laquelle on a donné le nom de régolithe, dont l'épaisseur varie d'un point de la surface à un autre. L'existence de ce régolithe se manifeste par exemple par la trace laissée par une chaussure sur le sol en bas et à gauche du cliché. On remarque aussi la présence d'une antenne parabolique sur le devant du véhicule qui permettait aux spationautes de communiquer avec le centre de Houston sans passer par le module d'alunissage dont on voit l'ombre au tout premier plan de la photo. Une caméra couleur était placée sur un bras disposé également au-devant du véhicule.

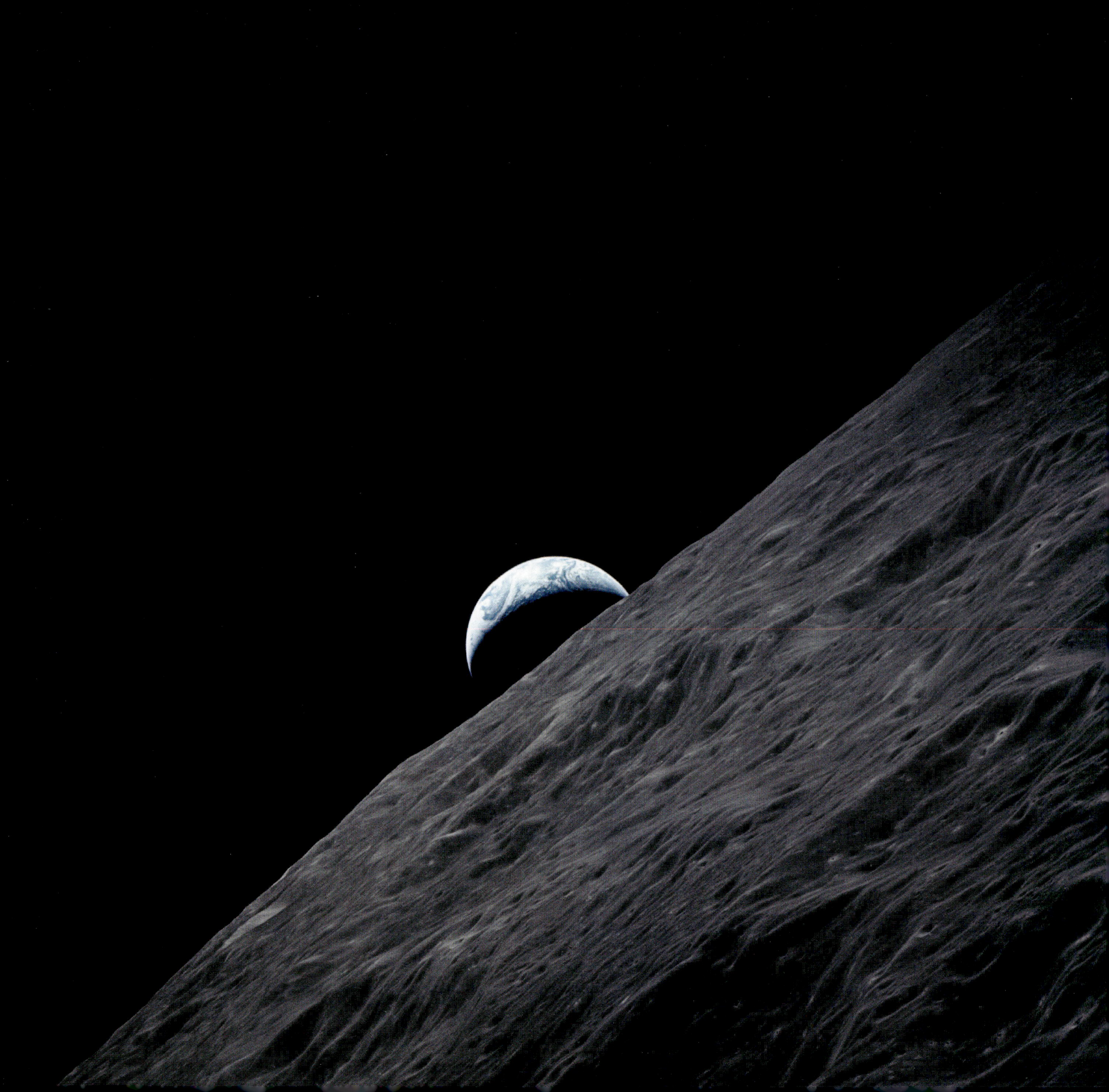

La Terre vue depuis la Lune. Le cliché a été pris le 24 décembre 1968 à partir de la mission Apollo, avec à bord les trois spationautes Bormann, Lovell et Anders qui virent pour la première fois la Terre s'éloigner dans l'espace totalement noir. Le terme de « Planète bleue » s'applique bien à la Terre lorsqu'on voit le reflet des océans, les continents, les calottes glacières des pôles et les nuages enveloppant la planète, éclairés par le Soleil.

Un clair de Terre

La vue est prise d'une proche banlieue, que l'on distingue au premier plan. Dans le fond, ce que nous voyons, c'est nous : une demi-planète éclairée par le Soleil, d'un côté seulement, et offrant à la Lune, pour une fois, un clair de Terre.

Il suffirait de tendre le doigt pour toucher cette boule, d'une chiquenaude pour la pousser un peu, pour qu'elle se renverse, pour qu'elle tombe, et nous avec. Fragilité des équilibres célestes, mystère des forces.

Un globe à moitié invisible, bleu et blanc, qui tourne (paraît-il). Et nous tous là-dessus, entassés, querelleurs et souvent misérables.

Nous tous, ceux qui dorment à cette heure-ci, comme ceux qui sont réveillés, plongés dans des batailles minuscules, dans des travaux incertains, dans des rituels que la distance efface, dans des espoirs, des croyances, des regrets, des soucis que l'espace, prudent, préfère ne pas voir.

Jean-Claude Carrière

Mars

Mars est la planète tellurique la plus éloignée du Soleil : son orbite est située à une distance par rapport à lui comprise entre 210 et 250 millions de km que Mars parcourt en pratiquement 1 an et 322 jours. Son rayon est de 3 390 km, soit quasiment la moitié de celui de la Terre. Sa masse est de $6,4\ 10^{18}$ tonnes (10 % de celle de la Terre) et sa densité de 3,9 g/cm^3. Mars tourne sur lui-même en 24,6 heures, soit très légèrement moins vite que la Terre. Comme son axe de rotation est incliné de 25° (à comparer aux 23° terrestres) par rapport à celui du Soleil, il est soumis comme la Terre au régime des saisons. Il règne à sa surface, dont la couleur dominante est rouge en raison de sa forte teneur en hématite (un des oxydes du fer), des températures comprises entre -133 °C et -3 °C (valeur moyenne -63 °C). L'intensité de la gravité a une valeur égale au tiers de la nôtre. Son atmosphère est 60 fois moins dense que sur Terre. Elle comprend 95 % de gaz carbonique, 3 % d'azote, 1 % d'argon et des traces d'oxygène, d'oxyde de carbone et de vapeur d'eau. Elle est souvent soumise à des vents de poussières particulièrement intenses. Lors des périodes hivernales, une grande partie du gaz carbonique gèle alternativement dans les régions polaires nord et sud dont les calottes glaciaires grandissent et diminuent au gré de la succession des saisons.

Concernant sa géographie, les deux hémisphères de Mars sont très différents : l'hémisphère Nord consiste en une vaste plaine assez lisse alors que l'hémisphère sud est constitué de plateaux accidentés très cratérisés. Entre les deux, autour de l'équateur, on trouve deux importantes régions de volcans dont celle nommée Tharsis dans laquelle se trouve le Mont Olympe reposant sur une base basaltique de 650 km de diamètre. Son altitude est de 22,5 km, ce qui en fait le relief le plus haut du Système solaire. D'ailleurs quatre autres volcans martiens partagent avec lui ce « record ».

Il est bien connu maintenant qu'il y avait beaucoup d'eau sur Mars, au début de son histoire, et que son atmosphère était beaucoup plus dense. Le champ magnétique de Mars qui était alors élevé a quasiment disparu il y a 3,7 milliards d'années ; il ne reste plus aujourd'hui qu'un champ magnétique résiduel. Cet amoindrissement du champ magnétique martien a laissé le vent solaire interagir avec ses sols et son atmosphère qu'il aurait amoindrie et qui aurait conduit à la quasi disparition de l'eau sur le sol de Mars.

Mars détient deux petits satellites de forme irrégulière, en raison de leur petite taille (environ 20 km pour Phobos et 10 km pour Deimos) ils orbitent autour de Mars respectivement à 6000 km et 28000 km d'altitude.

En bref, l'intérêt porté à l'analyse et l'exploration de Mars est très grand, non seulement en raison de sa proximité, non seulement parce que l'on y a trouvé de l'eau et que les chances de détecter des molécules biologiques sont significatives mais peut être et surtout parce qu'il représente un instantané de ce qu'a pu être la Terre au début de son histoire, instantané qui s'est « conservé » en raison de la faiblesse de la masse de Mars et du fait que son activité primitive a quasiment disparu.

Un détail de la surface de Mars pris par le satellite Mars Express et qui montre la complexité du sol martien soumis à la fois à la tectonique des plaques, aux effondrements et aux glissements de terrain, au volcanisme ainsi qu'à l'érosion due à la présence d'eau au cours du début de l'histoire de Mars et aux vents fréquents qui affectent son atmosphère. Le lieu photographié ici est à l'est d une énorme faille appelée Valles Marineris, de plus de 4000 km de long et 700 km de large et d'une profondeur atteignant parfois 10 km, qui se trouve juste en dessous de l'équateur de Mars. À l'est de cette faille se trouve un canyon du nom de Coprates Chasma (un chasma est une vallée étroite aux rebords abrupts et élevés), qui présente des étages successifs de plateaux, de falaises et de ravins, découpés dans le dôme de Tharsis, formé lui au moment du volcanisme actif, il y environ 3,7 milliards d'années par une remontée du magma interne.

Une région particulière de la surface de Mars

Cette image-là, pourtant lointaine, nous avons l'impression de mieux la connaître. Ces canyons, cette terre ocre et désolée, nous les avons vus au cinéma. Souvent, même.

Nous avons quitté la banlieue, nous avons même changé de continent. C'est une terre de l'Ouest, à première vue. Mais où sont les Indiens ? Et les cowboys qui les affrontent, ou qui les fuient ? Et la diligence aux essieux fragiles ? Et le mars-hall lancé à la poursuite des malfaisants, une étoile sur la poitrine ?

Rien. Personne. Même pas de traces de pas. Aucun hors-la-loi, pour le moment, ne s'est réfugié dans cette solitude. Pas de saloon, pas de chasseur de primes.

Juste un paysage qui attend. Qui nous attend. Mais nous l'avons identifié. Il suffit de le regarder : c'est une partie de l'Arizona, ou plutôt du Colorado. Nous ne pouvons pas le voir autrement. Nous nous le sommes approprié, car nous sommes incorrigibles.

Jean-Claude Carrière

Double-page suivante : un désert martien plein de roches d'origine volcanique, pris par le robot « Sojourner » déposé sur Mars par la mission « Pathfinder » de 1997. La couleur dominante « brique » est due à la forte présence d'oxydes de fer dans ces roches.

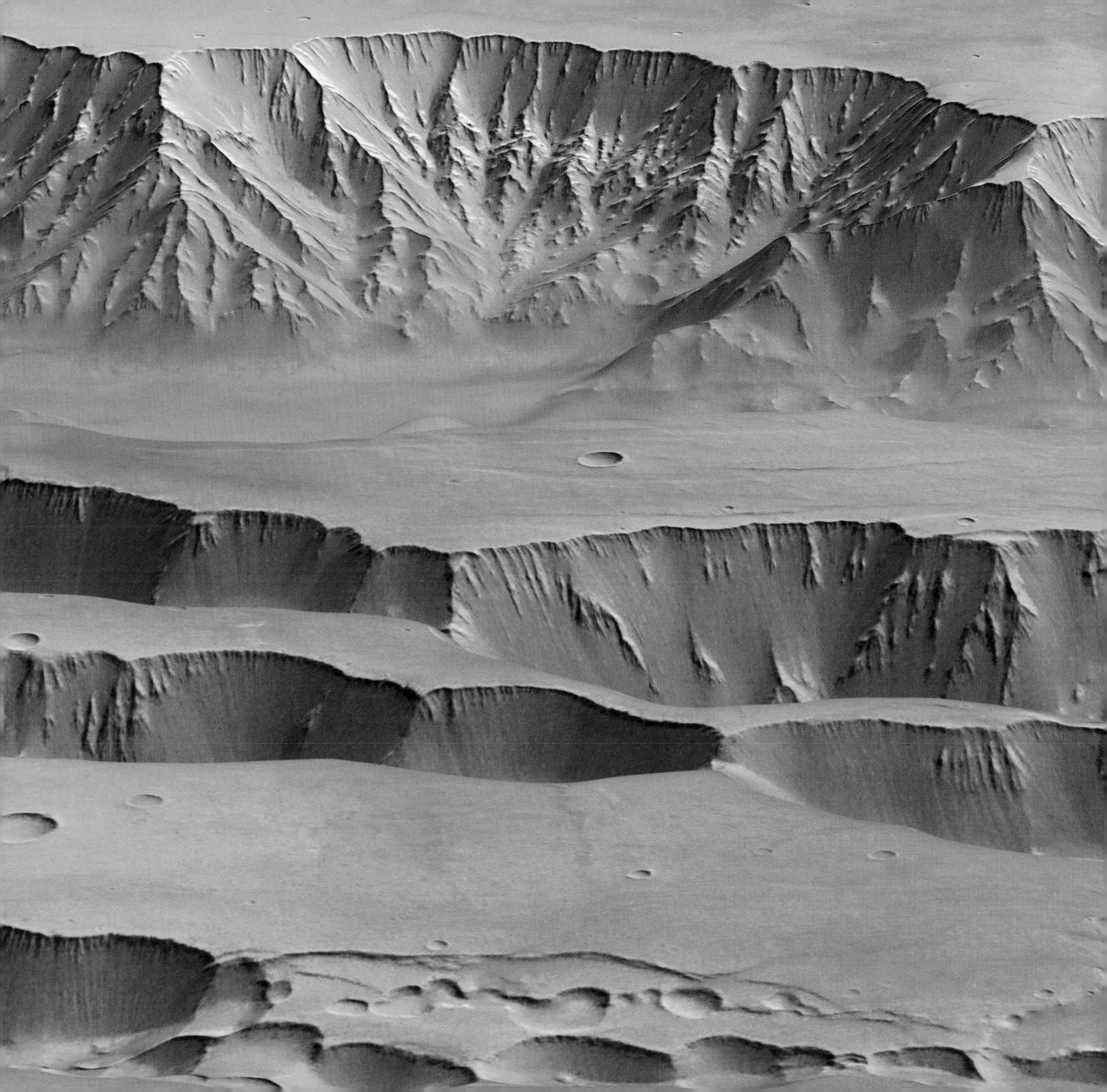

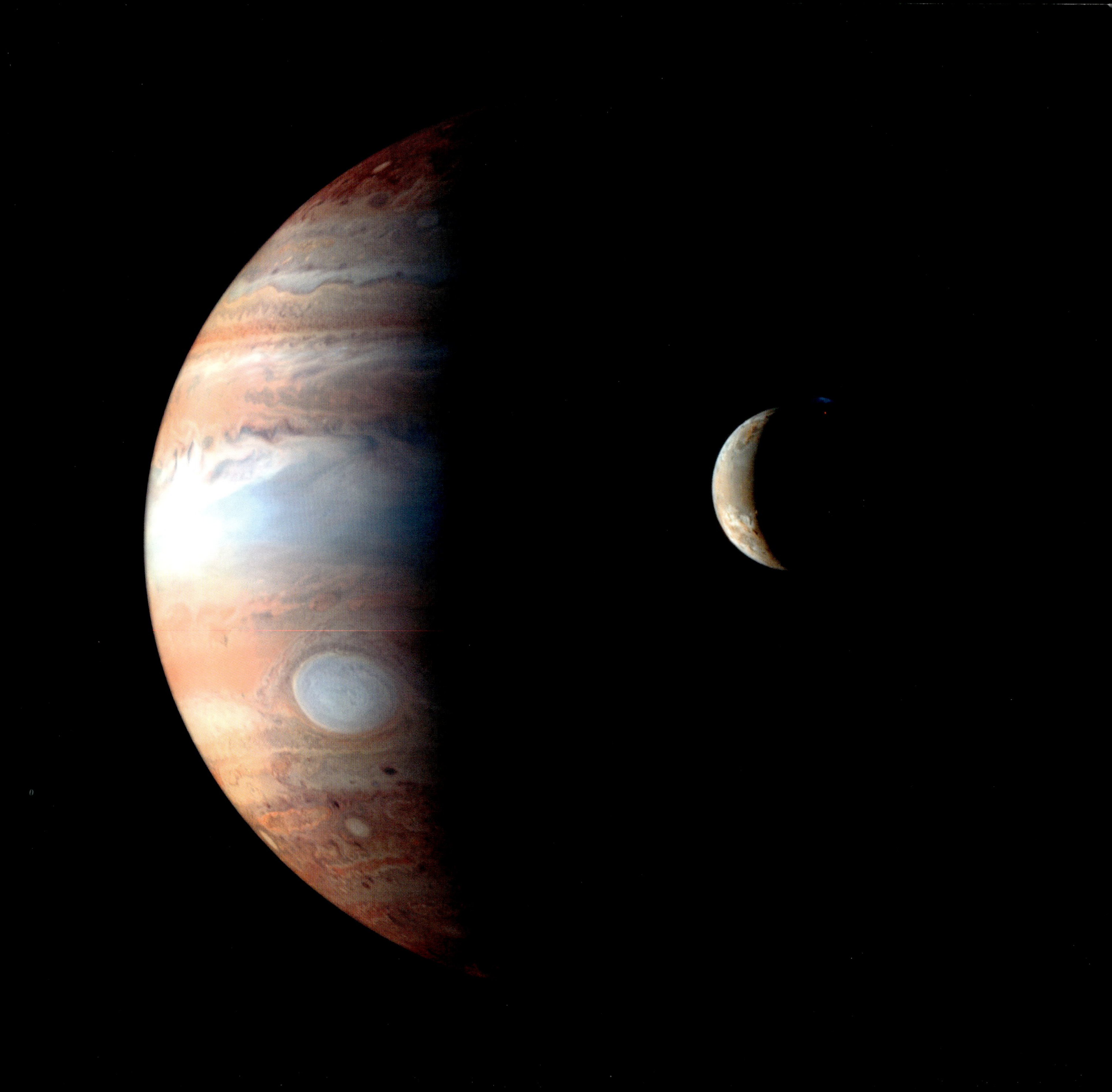

Jupiter et Io

Jupiter est la planète la plus massive et la plus grande du Système solaire : sa masse de 1,9 10^{24} tonnes est égale à 320 fois celle de la Terre. Son rayon équatorial mesure 71 500 km alors que son rayon polaire n'est que de 67 600 km : Jupiter est donc légèrement aplati, un peu comme un ballon de rugby, en raison des forces centrifuges induites par sa rotation rapide sur lui-même (en une période de 10 heures). Alors que la masse globale du Système solaire est concentrée sur le Soleil lui-même, son énergie de rotation est, elle, centrée sur les planètes, en particulier sur Jupiter. Parce que son rayon moyen est plus de 10 fois celui de la Terre, on pourrait inclure près de 1 320 « Terres » à l'intérieur de Jupiter. Il convient de noter que, contrairement aux planètes telluriques qui ont perdu une grande partie des éléments les plus légers (hydrogène et hélium) lors de leur formation en raison de leur masse relativement faible, la densité moyenne de Jupiter, qui a pu, lui, les retenir, comme les autres planètes géantes, est relativement plus basse (1,3 g/cm³).

Sa distance par rapport au Soleil est de 780 millions de km (5,2 « unités astronomiques » - rappelons que cette unité est égale à la distance moyenne entre la Terre et le Soleil, soit 150 millions de km). Jupiter qui est le 4e astre le plus brillant dans le ciel (après le Soleil, la Lune et Vénus) effectue une rotation autour du Soleil en 11,9 ans.

On remarque la présence de son satellite galiléen le plus proche Io. Les couches externes de Jupiter, de couleur à dominante marron, sont soumises à des mouvements puissants (jusqu'à 600 km/h) qui ont été filmés par les différentes sondes (Pioneer, Voyager et Cassini). Depuis le XVIIe siècle, Cassini et d'autres astronomes ont noté la présence d'une grande tache rouge, une zone de surpression de 12 000 x 25 000 km qui subsiste au moins depuis cette époque. La température moyenne de ses zones externes est de l'ordre de -150 °C, beaucoup plus élevée que celle qui résulterait du simple chauffage venant du Soleil ; on en déduit donc l'existence d'une source d'énergie interne due à la lente contraction de la planète sur elle-même. Du fait que son inclinaison par rapport au plan de l'écliptique (dans lequel les 8 planètes évoluent) est très faible (1,3 °), il n'y a pratiquement pas de saisons sur Jupiter. Signalons également que cette planète est le siège d'un champ magnétique intense (14 fois plus fort que celui de la Terre) qui crée une magnétosphère protégeant les quatre satellites principaux de Jupiter du vent solaire.

Le passage de Io devant Jupiter

Au centre du cliché apparaît le satellite Io, le satellite « galiléen » de Jupiter qui en est le plus proche et qui est décrit en page suivante.

La composition chimique de l'atmosphère de Jupiter est assez voisine de celle du Soleil. En pourcentage de masse, on trouve 75 % d'hydrogène, 24 % d'hélium et 1 % d'atomes et de molécules plus lourdes, tels que celles de méthane, d'éthane, d'acétylène, de benzène ou de méthyl-acétylène. On trouve également en petites quantités de l'oxygène, du néon, du soufre ou encore de l'ammoniac qui se trouve sous forme cristallisée dans les couches supérieures de l'atmosphère de Jupiter et qui lui confèrent cette couleur marron caractéristique.

Des vents et des mouvements de convection intense animent les zones externes de la planète au-dessus de laquelle on voit le satellite Io distante de 421 800 km qui projette une ombre noire circulaire sur la surface de Jupiter. Il faut se rappeler que Jupiter compte 63 satellites différents (le plus lointain orbitant à une distance de 23,7 millions de km).

Entre Io, le satellite galiléen le plus proche de Jupiter et ce dernier, les astronomes ont découvert d'une part un système d'anneaux moins spectaculaires mais analogues à ceux qui tournent autour de Saturne, d'autre part un ensemble de quatre petits satellites formant ce qu'ils appellent le groupe d'Amalthée. Ces quatre satellites sont constitués principalement de glace et ont des formes irrégulières. En partant de Jupiter on trouve successivement :

1. Métis, à une distance de 128 000 km constituant un bloc de 40 x 60 x 34 km et tournant de façon synchrone (il lui présente toujours la même face) autour de Jupiter en 7 h 45 ;
2. Adrastée à une distance de 129 000 km constituant un bloc de 20 x 16 x 14 km qui tourne aussi de façon synchrone en 8 heures ;
3. Amalthée, distante de 181 400 km, plus massive puisque ses dimensions sont 250 x 146 x 128 km dont la période synchrone est de 12 heures ;
4. Thébé à une distance de 222 000 km qui occupe un volume de 116 x 98 x 84 km et qui tourne autour de Jupiter en 16 heures.

Les anneaux autour de Jupiter se groupent en trois systèmes différents, le halo à une distance comprise entre 92 000 et 123 000 km ; l'anneau principal entre 123 000 et 129 000 km qui reçoit des apports venant de Metis et d'Adrastee et un anneau plus ténu s'étendant entre 129 000 et 280 000 km recevant des poussières venant d'Amalthée et de Thebée.

IO, Europe, Ganymède et Callisto sont les quatre satellites de Jupiter découverts en 1610 par Galilée, d'où leur nom de satellites galiléens. Io est le plus proche de Jupiter parmi ces quatre corps : leurs distances respectives par rapport à la planète sont 421 800 km, 671 100 km, 1 070 400 km et 1 882 700 km. Ils se déplacent tous les quatre dans le même plan et sont visibles la nuit, soit avec de bons yeux, soit avec une paire de jumelles ou une petite lunette astronomique. La période de rotation de Io est de 1,77 jours ; elle est synchrone et est entrée en résonance avec celles d'Europe et de Ganymède : les vitesses respectives de ces trois satellites sont dans les rapports 4 (Io), 2 (Europe) et 1 (Ganymède).

Cette photo composite a été prise grâce à la sonde Galileo qui survola Io en 1999. Io est donc d'un corps de 1 821 km de rayon (voisin de celui de la Lune) dont la masse est de 8,9 10^{19} T. et la densité de 3,5 g/cm^3. Ce satellite est particulièrement actif puisque plus de 400 volcans sont en activité à sa surface. On se souvient de la remarquable éruption observée en 1979 par la sonde Voyager qui projetait de la lave dont la température pouvait atteindre 1 600 °C à environ 500 km d'altitude. Ces matières rejetées par les volcans sont à base de soufre, de sulfates et de sulfures et donnent à Io ces belles couleurs rouge, jaune, blanc, noir et vert. Cette activité géologique intense est due aux forces de marées que Jupiter impose à Io.

Les seuls corps du Système solaire à connaître encore des phénomènes volcaniques sont, outre la Terre, Io, Encelade (satellite de Saturne) et Triton (satellite de Neptune). Du fait de cette activité qui renouvelle constamment la surface de Io, celle-ci est quasiment dépourvue de cratères. Par ailleurs, contrairement aux trois autres satellites galiléens, l'eau est absente de la surface et de l'atmosphère ténue de Io. Celle-ci est à base de soufre et de ses composés, comme le sol de ce corps. Signalons enfin que Io traverse constamment les champs magnétiques de Jupiter. Les particules ainsi dispersées par cette interaction sont projetées au loin, à la périphérie de la magnétosphère de Jupiter, particulièrement étendue.

Io

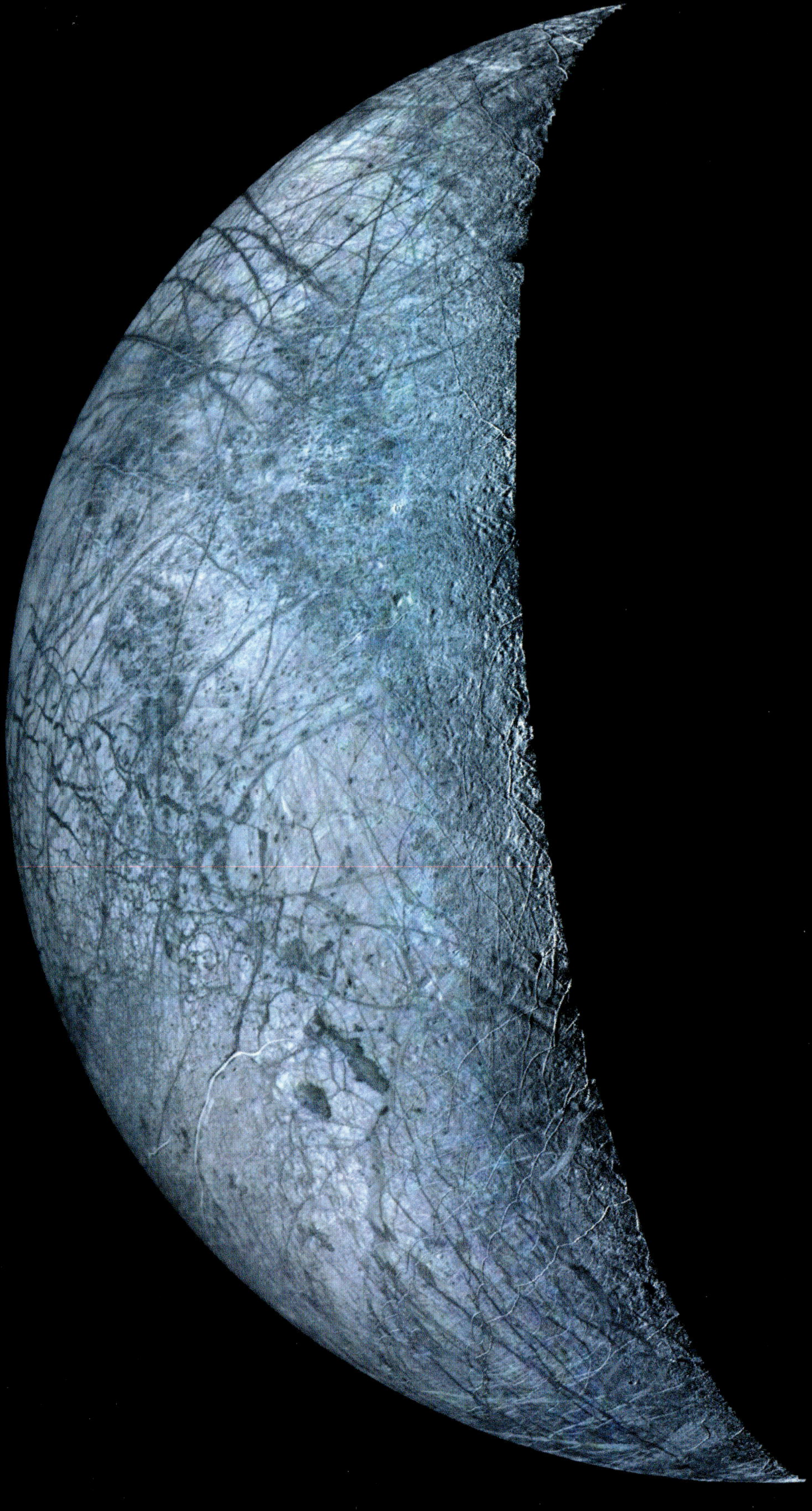

Europe

Europe est le 2e satellite galiléen de Jupiter, après Io et avant Ganymède et Callisto. Elle est, en effet, située à 671 900 km de Jupiter et tourne autour de lui en 3 jours et 13 heures. Sa rotation autour de Jupiter est en résonance avec celles de Io qui tourne deux fois plus vite qu'elle autour de Jupiter et de Ganymède qui tourne deux fois moins vite. Par ailleurs, comme dans le cas de Io et des quatre satellites de la famille d'Amalthée, sa rotation sur elle-même est synchrone : elle présente toujours la même face à Jupiter.

Son rayon mesure 1 561 km et sa masse est égale à 4,8 10^{19} tonnes. Elle est donc le plus petit des quatre satellites galiléens. Sa densité est de 3 g/cm^3. Elle constitue l'objet planétaire le plus « lisse » du Système Solaire : le fait que son sol soit constitué d'immenses nappes de glace striées et craquelées par endroits lui donne l'apparence d'un immense œuf d'autruche. La coloration des stries et des différentes irrégularités à sa surface est vraisemblablement due à la présence de sulfates de sodium et de magnésium. Le fait qu'il y ait très peu de cratères à la surface d'Europe indique que cette dernière est active et se renouvelle souvent. Ce satellite possède une atmosphère très ténue d'oxygène produit par la décomposition partielle des molécules superficielles de glace. La température est de –160 °C dans les zones équatoriales et de –220 °C dans les zones polaires.

On a pu détecter la présence d'un champ magnétique d'intensité modeste mais suffisamment significative pour qu'on puisse l'attribuer à la présence de sels contenus dans un vaste océan liquide situé à quelques dizaines de km au-dessous de la couche de glaces superficielles. Europe serait donc le seul endroit dans le Système solaire avec la Terre où une importante masse d'eau liquide (deux fois supérieure à la masse des océans terrestres) serait présente dans un astre soumis à des mouvements tectoniques récents. Nombreux sont donc les astronomes qui pensent que cet océan pourrait abriter des formes primitives de vie. Parmi les projets spatiaux envisagés pour aller vérifier ou infirmer cette hypothèse, citons la mission EJSM (Europe Jupiter System Mission), envisagée conjointement par la NASA et l'Agence spatiale européenne à l'horizon 2020, qui chercherait à creuser un trou à la surface d'Europe pour aller capter un peu de cette eau salée et en examiner la composition.

Saturne

J'éprouve toujours un très grand plaisir quand je peux contempler la planète Saturne avec un petit télescope d'amateur : sa couleur d'un beau blanc laiteux, sa luminosité, la vision de ses anneaux comme les a vus Cassini, le premier directeur de l'observatoire de Paris qui a rapporté leur multiplicité en 1675, tout cela est tout simplement admirable. C'est d'ailleurs à Cassini que la NASA a dédié la sonde qui prit cette photo magnifique, en 2008. Saturne est donc la 2e planète géante après Jupiter. Il tourne autour du Soleil en près de 29,5 ans sur une orbite située à 1,5 milliard de km du Soleil, et sur lui-même en 10 heures 47 min. Un système de rotation différentielle existe à la surface de Saturne, comme dans les cas de Jupiter et du Soleil. Cette rotation rapide sur lui-même entraîne un léger gonflement d'environ 10 % du rayon équatorial de cette planète : ce dernier est de 60 300 km alors que son rayon polaire n'est que de 54 400 km (rayon moyen : 58 200 km, soit 9 fois celui de la Terre ; il pourrait contenir 760 terres). Sa masse est de 5,7 10^{21} tonnes, soit 95 fois celle de la Terre. Il est la planète la moins dense : sa densité n'est que de 0,7 g/cm^3 : il pourrait facilement flotter dans l'eau liquide !

Son atmosphère, dans laquelle il règne une température moyenne de -189 °C, est tout à fait comparable à celle de Jupiter et composée surtout d'hydrogène et d'hélium avec des traces d'eau, d'ammoniac et de méthane ; en revanche sa surface est beaucoup plus « calme », en raison d'une moindre gravité et de champs magnétiques moins élevés. La sonde Cassini a néanmoins observé plusieurs orages à sa surface dont un d'une durée de plus de 8 mois. Sa structure interne est semblable à celle de Jupiter, à savoir un noyau rocheux de silicates et de fer, entouré de couches d'hydrogène, solide à l'intérieur, puis liquide, enfin gazeux à la périphérie. Également, ainsi que Jupiter, la température interne de Saturne doit être élevée (supérieure à 10 000 K) en raison de sa contraction gravitationnelle qui constitue une source d'énergie notable qui vient s'ajouter à la réception du rayonnement solaire. Saturne a de très nombreux satellites (62 dénombrés en 2009) et, évidemment, possède, ce système d'anneaux qui, s'il n'est pas unique puisque les trois autres planètes géantes en sont pourvues, demeure cependant remarquablement exceptionnel quant à leur morphologie et leur importance.

On sait depuis la fin des années 1970, grâce aux sondes Voyager, que les autres planètes géantes possèdent également un système d'anneaux qui tournent autour d'elles à proximité de leur surface. Mais les anneaux de Saturne qui furent observés, pour la première fois, en 1610 par Galilée sans qu'il comprenne vraiment leur nature (il faut attendre Huygens en 1655 qui fut le premier à réaliser qu'il s'agissait d'un anneau) conservent leur caractère exceptionnellement splendide. Les mêmes sondes Voyager révèlent qu'il n'y a pas seulement trois anneaux comme on continuait à le croire (et à l'enseigner en ce qui me concerne !) alors, mais qu'on peut en distinguer plus d'un millier que l'on divisait jusqu'à la fin de l'année 2009 en 7 systèmes allant de 7000 à 420000 km depuis la surface équatoriale de Saturne. Trois divisions appelées respectivement division de Guérin (du nom de l'astronome de l'Institut d'Astrophysique de Paris aujourd'hui décédé qui a étudié ces anneaux), de Cassini et de Encke se trouvent aux distances par rapport à Saturne de 14500, 47500 et 73 500 km. Il a fallu attendre les clichés pris par les sondes Voyager pour observer les anneaux situés au-delà de 80 000 km d'altitude. De plus, comme le rapporte notre collègue André Brahic, la sonde Cassini a mis en évidence fin 2009 un nouvel anneau, situé très loin de ceux découverts avant lui, à 200 rayons de Saturne soit à 10 millions de km de distance.

Les anneaux de Saturne

Ces anneaux sont faits de blocs de glace pour la plus grande partie d'entre eux mais on y trouve aussi des roches silicatées et d'autres glaces (carbonique...). Les sondes Voyager et surtout la sonde Cassini ont mis en évidence une grande variété de structures différentes : sillons, cordes, marbrures, « rayons de bicyclette » ou en anglais « spokes »... La forme de ces structures, la position des divisions des anneaux et l'agitation permanente qui y règnent dépendent de l'interaction gravitationnelle des éléments matériels constituant les anneaux, non seulement avec Saturne lui-même mais peut-être surtout avec ses nombreux satellites proches. Quant à leur origine, les débats ne sont pas clos mais il s'agirait simplement de blocs de matière de tailles variées, attirés par la planète et confinés sous forme d'anneaux dans son plan équatorial par les forces de rotation qui les aplatissent. Mais, comme le remarque A. Brahic, ces systèmes d'anneaux constituent des laboratoires pour tenter de comprendre la physique de ces phénomènes d'attraction et de répulsion, résonants ou non, induits par le système complexe des forces de gravité et de rotation générés par Saturne et ses satellites.

Titan est le plus grand satellite de Saturne. Dans l'ensemble du Système solaire, c'est aussi celui dont la taille (il a un rayon de 2 576 km) vient juste au-dessous de celle de Ganymède (2 630 km), l'un des satellites galiléens de Jupiter. Sa photo reproduite ici a été obtenue le 26 octobre 2004 par la sonde Cassini. Ce satellite a été découvert en 1655 par Huygens. C'est la raison pour laquelle l'Agence spatiale européenne a donné son nom au véhicule spatial emporté par la sonde Cassini, largué par elle le 25 décembre 2004 et qui s'est posé en parachute sur le sol de Titan le 14 janvier 2005, une prouesse technologique sans précédent.

Titan

Titan tourne en 16 jours autour de Saturne sur une orbite située à 1,220 million de km par rapport à lui. Sa rotation sur lui-même ayant la même périodicité, il est donc synchrone. Sa masse est de 1,3 10^{20} tonnes et sa densité de 1,9 g/cm^3. Il a une atmosphère assez dense (sa pression au sol est 1,5 fois celle qui règne sur Terre) et opaque s'étendant sur quelques centaines de km et constituée de 98,4 % d'azote et 1,6 % de méthane. La température au sol y est de –179 °C. Sa structure interne consiste vraisemblablement en un noyau rocheux de 1 700 km de rayon entouré de glaces. Il semble que sous la croûte de Titan il y ait un océan liquide principalement d'eau avec un peu d'ammoniaque comme à l'intérieur d'Europe. Ce que l'on voit de la surface de Titan sur la photo semble indiquer qu'elle est récente puisque l'on n'y voit pas de cratères. Les photos prises par le véhicule Huygens, ainsi que les observations faites depuis la sonde Cassini, montrent une absence de reliefs avec néanmoins la présence de dunes et mettent en évidence des lacs et des rivières d'hydrocarbures. Titan est également l'objet de cryovolcanisme (émission de glace par volcanisme) comme Encelade (voir page suivante). Ces caractéristiques, dont beaucoup avaient été pressenties dans le passé, témoignent de l'intérêt qu'il y a de poursuivre les investigations relatives à cet astre passionnant.

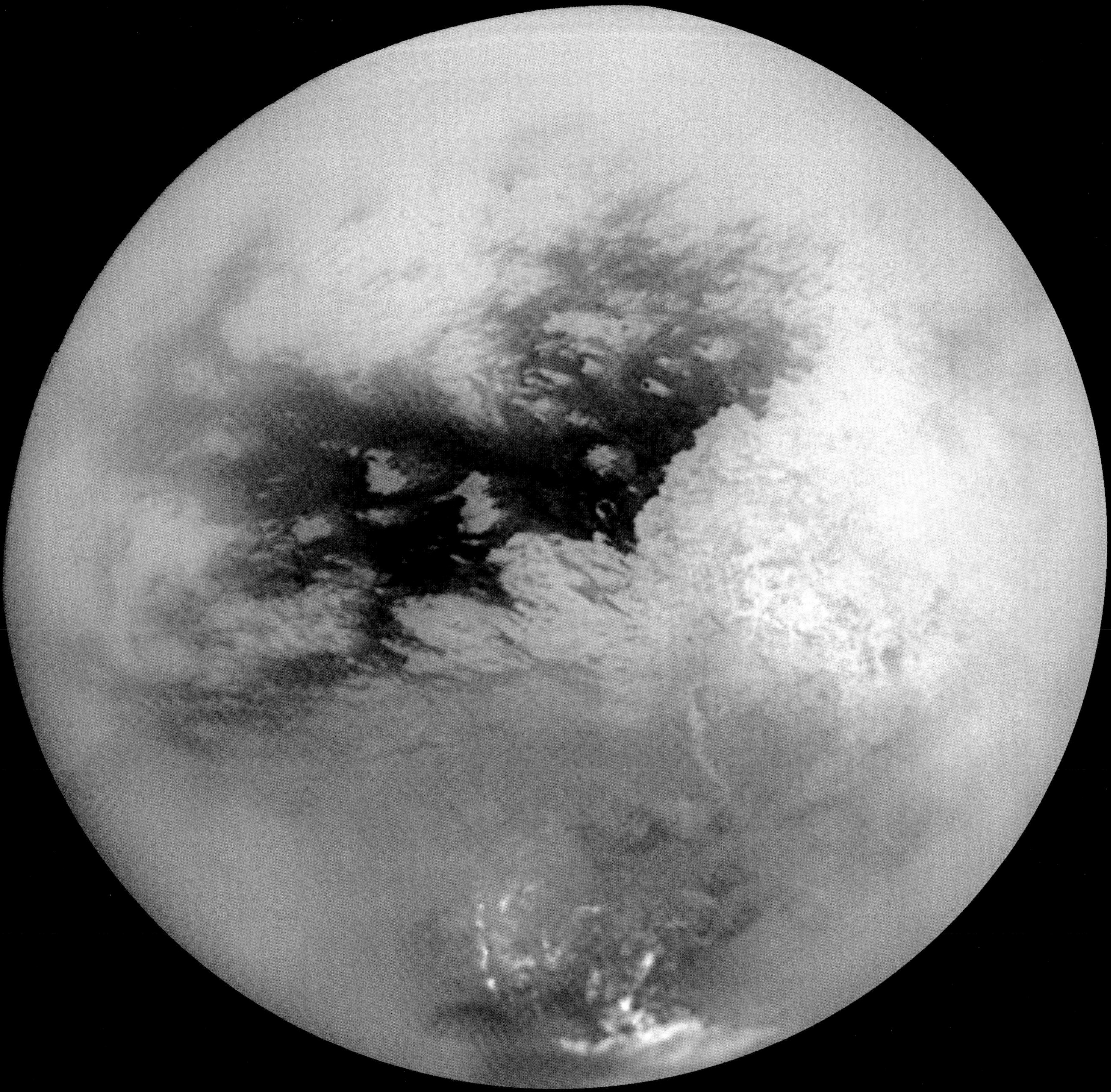

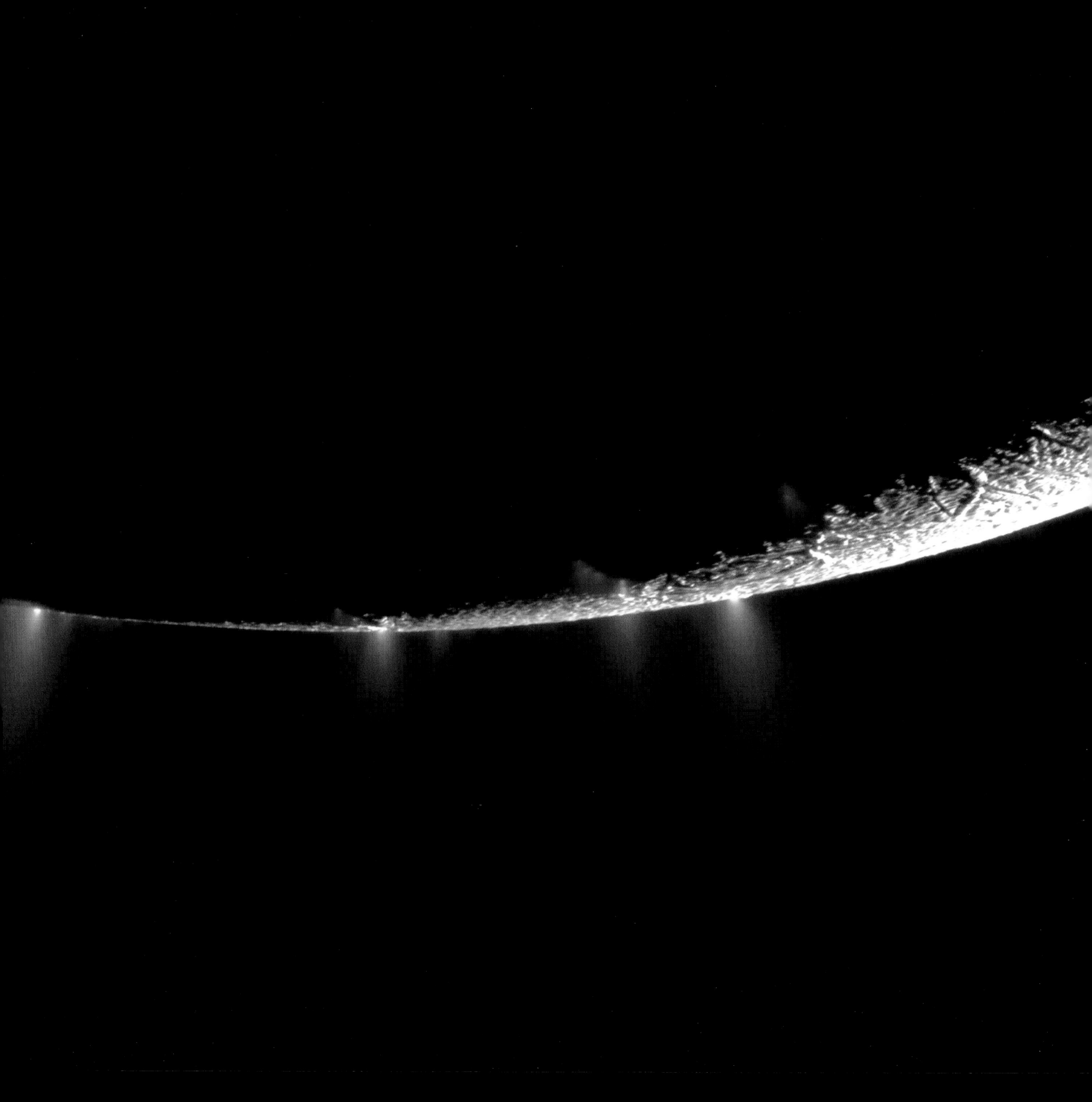

Encelade

J'ai choisi d'insérer dans cet ouvrage une photographie du satellite Encelade de Saturne, prise en 2006 par la sonde Cassini en raison de ses caractéristiques très particulières qui démontrent le foisonnement de tailles et de propriétés des différents corps constituant le Système solaire. Malgré ses dimensions relativement modestes, Encelade montre, en effet, des caractéristiques exceptionnelles. On peut voir sur ce cliché des jets de liquide mélangés à de la glace, semblables à ceux émis par les grands geysers islandais. La présence d'eau liquide semble être avérée à sa surface

Encelade est situé à environ 180 000 km de Saturne (13 autres satellites sont plus proches de cette planète que lui). Il effectue un tour complet de son orbite parfaitement circulaire en 1,37 jour. Sa période de rotation sur lui-même est strictement égale à cette valeur : son mouvement est donc parfaitement synchrone. C'est un satellite relativement petit puisque son diamètre moyen est de 500 km, sa masse de 8,6 10^{16} tonnes et sa densité de 1,6 g/cm^3. Il occupe le 6e rang par la taille des satellites autour de Jupiter, après Titan, Rhéa, Japet, Dioné et Théthys. Les observations de sa surface montrent la juxtaposition de terrains différents, les uns fortement cratérisés, donc vieux, les autres dépourvus de cratères, ce qui indique qu'ils sont jeunes et remodelés par une tectonique faisant intervenir l'eau. De fait, la surface est recouverte de glace, il réfléchit donc bien la lumière. Des observations détaillées de sa surface montrent des systèmes de failles et des dégradations de cratères remarquables et uniques. Encelade, malgré sa petite taille possède une atmosphère qui semble localisée au pôle sud et qui contient principalement des molécules d'eau, d'azote et de gaz carbonique. C'est indéniablement ce phénomène de geysers qui permet à cette atmosphère de subsister et ce en dépit de la faible gravité de ce satellite qui devrait normalement laisser échapper les gaz la composant. Le mécanisme à l'origine de ces geysers n'est pas encore complètement compris. On imagine l'existence d'une énorme poche d'eau dans le manteau du satellite qui serait réchauffée par la radioactivité naturelle du cœur du satellite ainsi que par les forces de marée imprimées par Saturne.

La planète Uranus a été découverte en 1781 par William Herschel. On peut dire que c'est la première planète à avoir été découverte grâce au télescope. Ceci étant, cette photo a été prise par la sonde Voyager 2 lors de son passage à son voisinage en 1986. Elle est distante du Soleil d'environ 3 milliards de km et tourne autour de lui en 84,3 ans. Elle est quasiment « couchée » sur le plan de l'écliptique : ses pôles sont là où les autres planètes ont leur équateur : il n'y a donc pas sur Uranus de lever et de coucher de Soleil. Par ailleurs elle tourne sur elle-même en 17 h 14 min dans le sens contraire des autres planètes (à l'exception de Vénus). Son rayon est d'environ 25 000 km, soit quatre fois celui de la Terre, et sa masse de 8,7 10^{22} tonnes, soit 14,5 fois celle de la Terre.

Uranus

Sa densité est de 1,3 g/cm^3.

Sa structure interne serait constituée d'un noyau de fer et de silicates d'environ 7 500 km de diamètre, entouré d'un manteau de glace mélangée à de l'hélium, du méthane et de l'ammoniac sur une épaisseur de 10 000 km, puis d'une couche superficielle d'hydrogène et d'hélium liquide de 7 500 km qui se transforme graduellement en atmosphère. Celle-ci, dont la température moyenne est de l'ordre de 50 K, contient principalement de l'hydrogène, de l'hélium, de l'eau, de l'ammoniac et des traces d'oxygène, d'azote et de gaz carbonique. Sa couleur uniformément bleue est due à la présence d'une modeste proportion (2 %) de méthane.

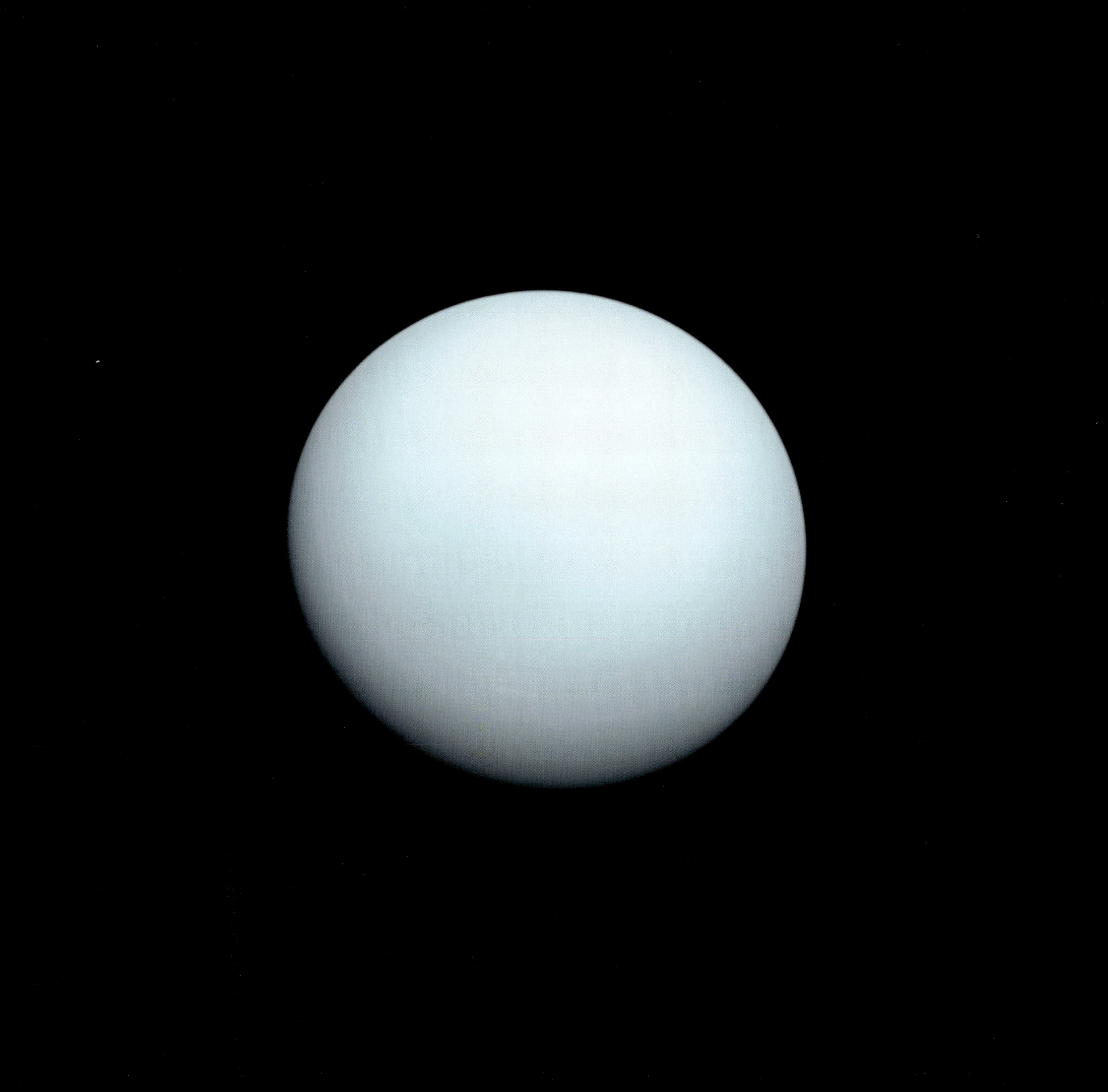

Photo de la planète d'Uranus prise en 1997 par le télescope spatial Hubble qui montre que cette planète possède des anneaux comme Saturne et les autres planètes géantes du Système solaire. On distingue les nuages qui se déplacent très rapidement à sa surface. Celle-ci est en effet soumise à des cyclones violents, dont la vitesse peut atteindre 700 km/sec, analogues à ceux que l'on peut voir par exemple sur celle de Jupiter ou de Neptune. On aperçoit aussi quelques uns de ses 27 satellites dont les quatre plus gros sont Ariel (580 km de rayon) orbitant à 191 000 km d'Uranus en 2,5 jours; Umbriel (585 km de rayon) orbitant à 266 000 km en 4,14 jours; Titania (579 km de rayon) orbitant à 436 000 km en 8,7 jours et Obéron (761 km de rayon) orbitant à 583 500 km en 13,5 jours. Les anneaux d'Uranus sont au nombre de 13; ils s'étendent entre 38 000 et plus de 100 000 km de la planète; ils sont constitués de roches, glaces et poussières comme ceux de Saturne mais sont de couleur plus sombre.

Uranus et son système d'anneaux

Toujours plus loin, dans un pays plus éloigné encore, Uranus est une planète délicate, élégante et très courtisée: on lui connaît plus de vingt satellites (moins que son fils Jupiter, cependant, par respect sacré, j'imagine).

Un jouet parfait, mais drôlement balancé dans le ciel. Ses anneaux sont plus fins que ceux de Saturne, et disposés selon un tout autre axe.

À se demander comment ils tiennent.

Ils semblent lui composer une auréole de sainteté. Méfiance: Saturne, que les Grecs appelaient Kronos, fut le fils d'Uranus. Mais Kronos-Saturne, qui avait le temps pour lui, se révolta, mutila son père et dévora férocement ses enfants.

Il eût voulu être seul sur la Terre. Il n'y réussit pas: Zeus survécut, et le détrôna.

Impossible d'être seul maître dans le Ciel. Nos mythologies s'y sont réfugiées, et s'y perpétuent. Même nos légendes sont cosmiques.

Jean-Claude Carrière

Cette photo de Neptune, dont l'aspect externe est assez comparable à celui de Jupiter (à la couleur bleue près due à la présence de méthane dans son atmosphère), avec même une grande tâche sombre qui disparut ultérieurement, a été prise par la sonde Voyager 2 en août 1989. L'existence de Neptune a été pressentie en 1843 par l'Anglais John Adams et le Français Urbain Le Verrier à partir des irrégularités du mouvement d'Uranus, perturbé par sa présence. Le Verrier indiqua où l'observer à Johann G. Galle de l'Observatoire de Berlin, ce que ce dernier réussit à faire en septembre 1846.

Neptune

Neptune est la planète la plus éloignée du Soleil : elle tourne autour de lui en 165 ans à une distance de 4,5 milliards de km. Son rayon est de 25 000 km à l'équateur, soit pratiquement quatre rayons terrestres. Il tourne sur lui-même en 16 heures et possède une masse de 10^{23} tonnes, soit 17 fois celle de la Terre. Sa densité moyenne est de 1,6 g/cm^3. La ressemblance avec Uranus ne s'arrête pas là : comme cette autre planète, il aurait un cœur solide constitué de fer et de silicates, surmonté d'un manteau fait d'eau, de méthane et d'ammoniac au-dessus duquel se trouve une atmosphère d'hydrogène et d'hélium avec quelques pour cent d'ammoniac et de méthane et des traces d'éthane et d'acétylène. Neptune possède au moins 13 satellites dont le plus important est Triton et un système d'anneaux comme les trois autres planètes géantes.

Triton

Triton est le plus gros satellite de Neptune qui en a douze autres connus à ce jour. Il a été découvert en 1846, presque en même temps que ce dernier. Mais, comme pour Neptune, il a fallu attendre son survol par la sonde Voyager pour pouvoir le photographier précisément. Son rayon est de 1 352 km, sa masse de 2,14 10^{19} tonnes et sa densité de 2 g/cm^3. Il est vraisemblablement constitué d'un important noyau fait de silicates et de métaux, entouré d'une épaisse couche faite d'un mélange de glace d'eau, d'azote solide, de glace de méthane, de gaz carbonique et de monoxyde d'azote. Sa température est comprise entre -237 et -235 °C. Triton possède une atmosphère ténue d'azote (comme Titan !), contenant aussi des traces de méthane. Cette atmosphère viendrait du dégazage du sol, induit par une activité géologique assez intense : le faible nombre de cratères indique une activité tectonique récente et importante.

Triton tourne autour de Neptune dans le sens inverse de ce dernier, à une distance de 354 800 km, en 5 jours et 21 heures. Ce mouvement « aberrant » – tous les autres satellites importants tournent dans le même sens que leur planète – et la similitude de structure entre Pluton et Triton suggèrent que ce satellite n'a pas été formé au voisinage de Neptune. Il serait plutôt un objet provenant d'une zone située au-delà de l'orbite de Pluton à une distance comprise entre 35 et 50 unités astronomiques (la distance Soleil-Terre) que l'on appelle « Ceinture de Kuiper ». La gravité induite par Neptune lui aurait permis de capturer Triton et Pluton. Cette ceinture de Kuiper serait analogue à celle des astéroïdes qui est comprise entre les orbites de Mars et de Jupiter. Ce serait donc de là que non seulement Triton et Pluton mais aussi plusieurs corps ayant des diamètres supérieurs à 1 200 km, dont la planète naine noire Eris, tireraient leur origine. Une partie des comètes, dites « planètes de Jupiter », viendrait également de cette zone.

Un dernier mot sur Triton : du fait de son inclinaison prononcée (157°), ce satellite est soumis à d'importants effets saisonniers induisant la formation de deux calottes polaires.

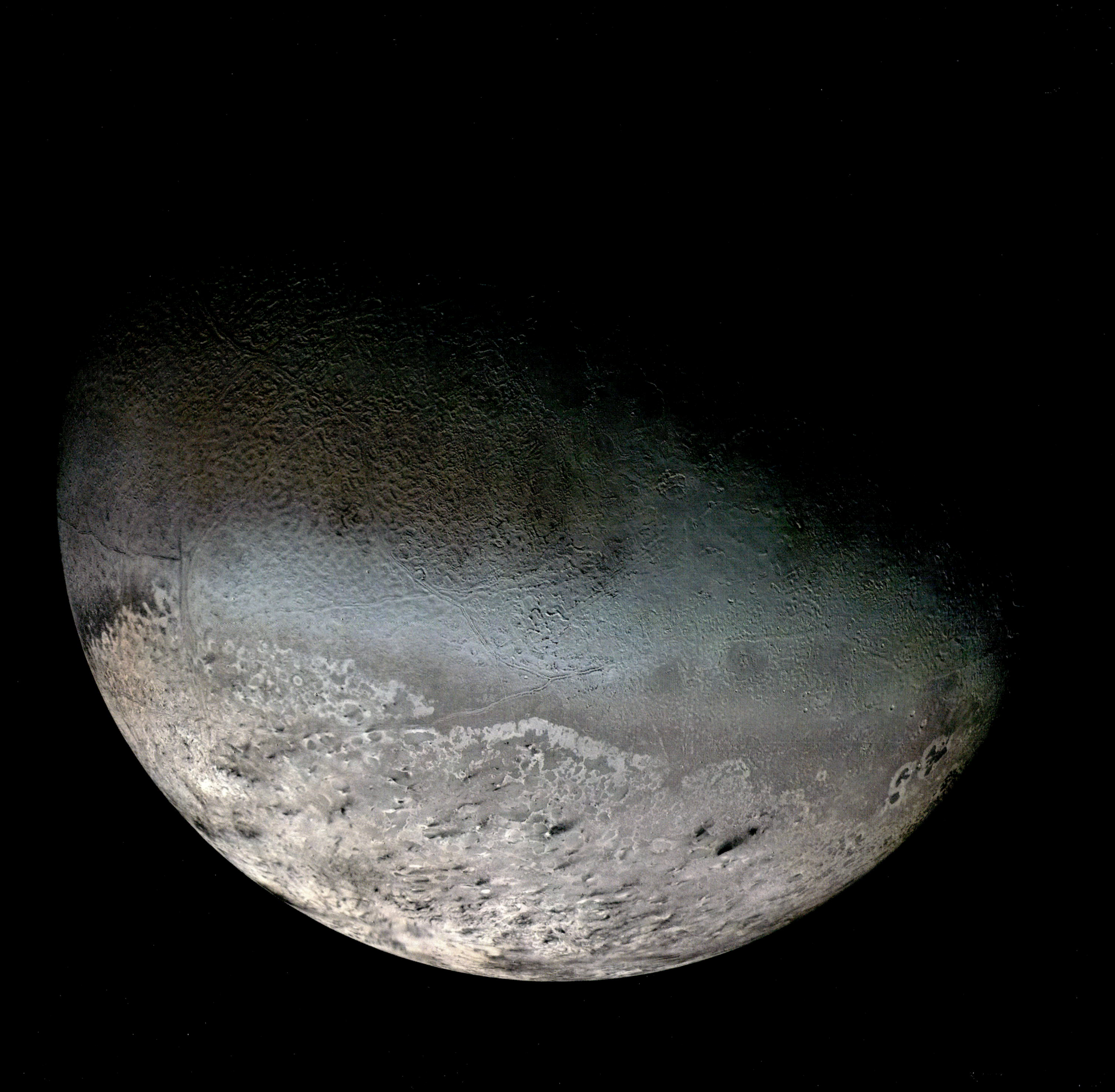

Pluton

Pluton, qui fût découvert en 1930 par l'américain Clyde Tombaugh, vient d'être déclassifié en 2006 par l'Union astronomique internationale du rang de 9e planète du système solaire à celui de planète naine noire. C'est un corps de 2 300 km de diamètre (les 2/3 de celui de la Lune) dont la masse est de 1,3 10^{19} tonnes (densité 2 g/cm^3) qui évolue sur une orbite héliocentrique fortement elliptique à 5,9 milliards de km de distance du Soleil, qui fait un angle d'environ 17° avec le plan de l'écliptique et qu'il parcourt en un peu plus de 248 ans. Son périhélie se situe à 4,5 milliards de km et son aphélie à 7,4 milliards de km. Il tourne sur lui-même en 6,4 jours. Sa structure interne n'est pas bien connue mais est vraisemblablement différenciée : on a observé à sa surface des glaces de méthane et on pense que sous la croûte existe un manteau glacé au-dessous duquel doit se trouver un cœur rocheux. Il possède une atmosphère ténue qui comprend au moins du méthane et vraisemblablement de l'azote.

Son satellite Charon, que l'on peut voir en haut de l'image découvert en 1978, a une taille importante par rapport à celle de Pluton puisque son diamètre est la moitié de ce dernier. Il tourne autour de lui à une distance de 20 000 km. Leurs rotations sur eux-mêmes sont synchrones : ils présentent toujours l'un à l'autre la même face. Grâce au télescope spatial Hubble, on a découvert deux autres satellites de Pluton : Nix situé à une distance de 49 000 km et Hydra à 65 000 km. Leurs diamètres doivent être compris entre 50 et 150 km.

Pluton fait désormais partie d'une nouvelle catégorie d'objets comprenant entre autres une planète naine noire plus grosse et plus éloignée du Soleil du nom d'Eris. Les astronomes américains, dépités par le déclassement de Pluton, envisagent une mission spatiale d'exploration de cette planète naine noire au cours des années 2020.

La comète Hale-Bopp

J'ai choisi cette comète qui fût certainement l'une des plus spectaculaires à la fin du XXe siècle et que l'on pût voir à l'œil nu pendant un peu plus de 18 mois au cours des années 1996 et 1997. Cette photo a été prise quand la comète se trouvait à 16 millions de km de la Terre. Elle fût découverte le 23 juillet 1995 lorsqu'elle était à 7,1 unités astronomiques (un peu plus d'un milliard de km) dans la direction de la constellation du Sagittaire, et ce, par deux astronomes amateurs, A. Hale et T. Bopp, d'où son nom : il est d'usage de donner à une comète le nom des une à trois premières personnes rapportant leur découverte au bureau des télégrammes astronomiques de l'Union astronomique internationale.

Elle atteignit son périhélie le 1er avril 1997 situé à 0,91 unités astronomiques (137 millions de km) du Soleil. Son orbite est elliptique et fait un angle de 89° par rapport au plan de l'écliptique dans lequel se meuvent les planètes. C'est une comète de longue période : celle-ci est passée de 4 200 à 2 400 ans après que son orbite ait été perturbée par son passage il y a plusieurs milliers d'années au voisinage de Jupiter. Elle doit donc provenir d'une région externe du Système solaire, le nuage de Oort, qui l'entoure et qui est situé à une distance que l'on évalue à 1 ou 2 années-lumière du Soleil. Ce nuage serait le résidu de celui à partir duquel le reste du Système solaire se serait formé il y a 4,55 milliards d'années. Il contiendrait plusieurs milliers de milliards d'objets qui auraient vocation à devenir comète pour peu qu'une instabilité gravitationnelle déclenche leur mouvement en direction du Soleil.

La comète Hale-Bopp a un noyau particulièrement important, grand de 60 km, soit six fois plus que la comète de Halley revenue à son périhélie en 1986. En raison de sa grande masse et de sa proximité vis-à-vis du Soleil au printemps 1997, cette comète émettait 10^{31} molécules d'eau par seconde, soit 10 fois plus que la comète de Halley en 1986. Outre la queue rectiligne de poussières et la queue incurvée de gaz ionisé qui ont occupé jusqu'à 45° dans le ciel, la comète Hale-Bopp a émis une troisième queue de sodium atomique dont l'origine demeure incertaine. Le noyau lui-même est une grosse boule de « neige sale » ou si l'on préfère, avec de nombreuses impuretés, telles que différentes molécules organiques et des silicates (on a détecté dans la queue de poussière des grains d'une olivine riche en magnésium). Cette comète est également la seule où on a trouvé de l'argon. Rappelons, enfin, que les queues d'une comète se développent à mesure que l'objet se rapproche du Soleil : elles sont dues à la vaporisation et la sublimation d'une partie de la matière formant le noyau (la tête) de la

Étoiles et milieu interstellaire

Restons modestes ! L'Astronomie est une leçon d'humilité. Le Soleil, et l'ensemble du Système solaire, ne constituent qu'un point minuscule, sans caractéristique particulière, dans notre Galaxie. Celle-ci, la Voie lactée, rassemble 150 milliards d'étoiles. Les pages qui suivent vont vous faire pénétrer, autant que faire se peut, dans l'intimité de ces étoiles.

Vous allez pouvoir admirer leurs « berceaux », les régions du ciel où elles viennent au monde. Les étoiles naissent rarement seules. Le plus souvent, elles apparaissent en groupes, les « amas stellaires ». Les uns sont dits « galactiques », telles les « Pléiades », car ils ont pour demeure le disque de la Galaxie. Les autres sont appelés « globulaires » car ils séjournent dans le halo qui entoure cette Galaxie.

Vous aurez aussi le rare et triste privilège d'assister au décès de certaines de ces étoiles. Ainsi vous verrez comment les étoiles de masse comparable à celle de notre Soleil achèvent leur vie et se changent en « nébuleuses planétaires ».

Outre les étoiles, qui tirent leur énergie des processus de fusion thermonucléaire à l'œuvre dans leurs régions centrales, vous allez faire connaissance avec des nuages de gaz et de poussières interstellaires. Ouvrez grand vos yeux. Nous en avons réservés pour vous de jolis spécimens !

Erik Orsenna

La très célèbre nébuleuse « Tête de cheval » est située dans la constellation d'Orion à 1 500 années-lumière du Soleil. Elle se présente plutôt comme un cavalier du jeu d'échecs ! Elle n'est autre que l'extrémité d'un gros nuage de poussières interstellaires qui mesure 25 années-lumière et qui obscurcit le rayonnement provenant des étoiles situées au-delà de lui. Ces poussières sont constituées de graphite (l'une des formes solides du carbone) et de silicates. La couleur rouge carmin du nuage qui entoure la « tête de cheval » est due à de l'hydrogène ionisé interstellaire. Il est vraisemblable que cette nébuleuse relativement jeune (son âge est évalué à environ 2 millions d'années) renferme en son sein des « pépinières » d'étoiles en formation.

Double-page suivante :
la magnifique draperie constituée par la nébuleuse d'Orion.

La nébuleuse « Tête de cheval »

On appelle cette masse nuageuse, qui voudrait jaillir d'une nébuleuse, la « tête de cheval ». J'y verrais plutôt un hippocampe, mais peu importe.

Dans cet animal cabré, perdu, sans cavalier, sans concurrent, le corps et les pattes coincés dans une pâte soulevée qui pourrait être un océan de brume, aux confins d'un champ de courses sans départ et sans arrivée, sans spectateurs, sans photo-finish, ce n'est pas le cheval qui m'aide à voir la nébuleuse.

Il n'est au fond qu'une étiquette assez facile, un aide-mémoire. Un signe de reconnaissance. En la nommant, nous avons placé, une fois de plus, le ciel à portée de notre cerveau.

En revanche, désormais, je poserai un autre regard sur les chevaux.

Et je verrai des univers dans leurs crinières.

Jean-Claude Carrière

La nébuleuse du Cône (NGC 2264)

La nébuleuse du Cône a été photographiée ainsi en 2002 par le télescope spatial Hubble (NGC signifie « New General Catalogue », un catalogue d'objets nébuleux, dont beaucoup de galaxies, recensés par John Dreyer et publié en 1888). Cette nébuleuse fût découverte dès 1785 par William Herschel, celui-là même qui mit en évidence la planète Uranus. Elle est située à 2 800 années-lumière de nous dans la partie nord de constellation de la Licorne (en latin *Monoceros*), dans une direction comprise entre celles des étoiles Procyon et Bételgeuse (l'étoile la plus brillante de la constellation d'Orion). Cette nébuleuse est obscure et donc difficile à observer et à photographier. Elle constitue une colonne sombre de 7 années-lumière de long et 1 année-lumière de large faite principalement d'hydrogène moléculaire et entourée d'une nébulosité plus ténue de couleur rouge due à l'hydrogène ionisé. On suppose qu'à l'intérieur de cette colonne sombre existent de nombreux globules de Bok (du nom de l'astronome néerlandais Bart Bok qui les mit en évidence le premier dans les années 1940). Ces globules sont des structures d'environ 1 année-lumière de diamètre contenant 10 à 50 masses solaires d'un mélange gaz-poussières à partir duquel une ou plusieurs étoiles vont pouvoir se former. La nébuleuse du Cône est donc l'un des endroits de notre Galaxie où se forment de nouvelles générations d'étoiles.

Pouponnière » d’étoiles

Cette magnifique photographie montre un essaim d’étoiles de couleur rouge, un peu comme une grappe de fruits ou un bouquet de feu d’artifice, qui se trouve à 848 années-lumière de nous et situé à l’intérieur de la constellation du Serpent. Cette constellation peut se scinder en deux parties : ce que l’on appelle la « tête », qui se trouve principalement dans l’hémisphère Nord, est séparée de la « queue » (dans l’hémisphère sud) par la constellation du Serpentaire (*Ophiuchus* en latin), elle-même dans l’hémisphère Nord entre celle du Scorpion et celle du Sagittaire. Ce groupe très compact d’étoiles est comme une « pouponnière stellaire » dans laquelle naissent de nouveaux objets. On remarque que cet essaim irradie une nébuleuse située en bas du cliché. De nombreux points bleus signalent la présence d’étoiles de cette couleur. Rappelons que les étoiles bleues (à température de surface relativement élevée de l’ordre de 10 000 K) sont généralement jeunes et de grandes masses. Les étoiles jaunes sont les sœurs jumelles du Soleil. Quand aux étoiles rouges, à la température de surface plus faible (2 000 à 3 000K), elles se scindent en deux groupes : celles qui ont une faible luminosité sont dites naines rouges ; elles ont une masse inférieure à celle du Soleil et sont généralement très âgées. Les étoiles rouges de grande luminosité sont dites géantes ou supergéantes et sont dans le stade d’évolution dans lequel le Soleil se trouvera dans environ 5 milliards d’années.

La nébuleuse de l'Aigle (M16)

On peut contempler ici la photographie prise en lumière infrarouge d'un amas stellaire ouvert connu depuis le XVIIe siècle et portant le numéro 16 dans le catalogue de Messier. Ce catalogue d'un peu plus de cent objets nébuleux a été établi à la fin du XVIIIe siècle par Charles Messier en vue de ne pas les confondre avec des comètes qu'il recherchait de façon très active. Cet amas est situé à 7 000 années-lumière de nous dans la direction de la queue de la constellation du Serpent déjà rencontrée p. 82 et 83. Cet amas occupe 7' d'arc dans le ciel et s'étend donc sur 15 années-lumière. On estime son âge à 5,5 millions d'années. C'est donc un amas qui s'est formé récemment : il est constitué de jeunes et massives étoiles bleues qui ionisent le gaz de la nébuleuse qui entoure les étoiles. À l'intérieur de cet amas, les astronomes qui ont utilisé le télescope spatial Hubble ont découvert trois colonnes de gaz et de poussières auxquelles ils ont donné le nom de « piliers de la création » parce qu'ils sont convaincus que ces trois structures renferment des étoiles en formation.

L'amas des Pléiades, dont le télescope spatial Hubble a pris la photo reproduite ici, est un bel amas stellaire ouvert situé à 440 années-lumière de nous dans une direction au nord ouest de la constellation du Taureau. Cet amas est facilement visible à l'œil nu, comme l'amas des Hyades qui appartient également à la constellation du Taureau mais qui, lui, est plus près de nous, à une distance de 150 années-lumière : Les Pléiades occupent une surface quatre fois égale à celle de la pleine Lune. On dénombre environ 3 000 étoiles faisant partie de cet amas dont une douzaine, très brillantes, sont facilement visibles.

L'amas des Pléiades (M45)

Ce qui caractérise l'amas des Pléiades est sa jeunesse relative : on estime son âge à 100 millions d'années, ce qui ne représente que le 1/45e de celui du Système solaire. Par comparaison, l'âge de l'amas des Hyades, que l'on voit également à l'œil nu, est de l'ordre de 700 millions d'années. C'est pour cette raison que ses étoiles sont encore entourées d'une nébulosité poussiéreuse bleutée dont elles n'ont pas eu le temps de se débarrasser. Comme cet amas comprend un nombre relativement faible d'étoiles membres, sa gravité globale n'est pas suffisante pour maintenir ensemble longtemps les dites étoiles : on estime que dans environ 250 millions d'années, ces étoiles cesseront d'être liées gravitationnellement et poursuivront leur évolution séparément. Signalons que le télescope spatial infrarouge Spitzer a récemment détecté, autour de l'une des étoiles des Pléiades (l'étoile HD23514), un nuage circulaire de poussière et de gaz chauds qui pourrait être un disque proto-planétaire en train de se constituer.

La nébuleuse NGC 6357 et l'amas d'étoiles « Pismis 24 »

Cette photo prise par le télescope spatial Hubble dans la direction de la constellation du Scorpion montre dans la Voie lactée, à 8 000 années-lumière du Soleil, une vaste nébuleuse désignée par l'appellation NGC 6357. Cette nébuleuse qui figure en bas de ce cliché est illuminée par un amas d'étoiles du nom de Pismis 24. Jusqu'au 21 juillet 2010, l'étoile la plus brillante de cet amas, Pismis 24-1, était la plus massive connue : sa masse est de l'ordre de 100 à 200 masses solaires. Elle a été détrônée à cette date par l'observation d'une étoile de 300 masses solaires du nom de R136a1 qui fait partie d'un amas stellaire appelé RMC136a, lui-même à l'intérieur de la nébuleuse de la Tarentule du Grand Nuage de Magellan. Cette observation très récente a été accomplie par une équipe anglaise utilisant le VLT, (le Très Grand Télescope européen du mont Paranal au Chili).

Cette magnifique nébuleuse se situe dans la direction de la constellation du Serpentaire à 650 années-lumière. On remarque en particulier des traînées sombres en haut du cliché dues à de la poussière interstellaire et des nuages de gaz moléculaires froids qui ne laissent pas passer la lumière des étoiles situées derrière elles. Au milieu et à gauche on remarque une grande tache rouge qui n'est autre que le reste d'une étoile ayant explosé, à savoir une supernova d'au moins 50 masses solaires. Cette tache n'a pas terminé de se dilater avant de se fondre dans le milieu interstellaire avoisinant.

La nébuleuse du Serpent

Nous avons quitté nos alentours, notre banlieue, nos continents, notre système. À toute vitesse (à supposer que ce mot ait encore un sens), nous nous sommes éloignés de notre Soleil et nous entrons, comme à l'aveuglette, dans la nébuleuse dite « du serpent ».

Ici, l'image du monde a déjà perdu tout rapport avec nos anciennes figurations. Nous sommes trop pauvrement équipés pour regarder, à plus forte raison pour voir. Tout se confond, les dimensions s'étirent si prodigieusement qu'elles s'évanouissent, les directions se perdent, et les couleurs ne sont pas sûres d'elles-mêmes.

Même les serpents sont vagues, difformes, sombres.

Désormais, nous n'avons même plus les mots pour dire ce que nous ne pouvons pas voir. Peut-être, même, ne voyons-nous rien.

Nous voici dans le premier brouillard du monde. Il y en aura d'autres.

Jean-Claude Carrière

La nébuleuse de la Carène (NGC3372)

La nébuleuse de la Carène, comme son nom l'indique, est visible dans la direction de la constellation de la Carène, que l'on peut voir depuis l'hémisphère sud. Cette grande et spectaculaire nébuleuse géante se trouve à une distance de 7 500 années-lumière dans le bras du Sagittaire. Elle mesure environ 300 années-lumière de diamètre. Les structures que l'on peut admirer dans cette nébuleuse se forment au gré des rayonnements et des jets de particules émis par les étoiles qui en font partie.

On donne également le nom de « trou de serrure » à la partie centrale de cette nébuleuse dont on voit l'image ici. Elle contient une zone caractérisée par un taux élevé de formation d'étoiles jeunes et massives. L'étoile la plus brillante de cette nébuleuse est l'étoile « Eta Carina », une supergéante rouge, 100 fois plus massive que le Soleil. Cette étoile est également le prototype d'objets que l'on classe dans la catégorie des étoiles « variables éruptives » qui sont en train d'expulser leur atmosphère dans l'espace, ce qui serait le signe avant-coureur de leur explosion en supernova.

Le superbe amas globulaire M80, dont on voit ici une photographie prise par le télescope spatial Hubble, se trouve à une distance de 28 000 années-lumière du Soleil dans la direction de la constellation du Scorpion. Son extension est de l'ordre de 86 années-lumière. Il est l'un des amas globulaires les plus denses et les plus fournis de la Voie lactée puisqu'il comprend plusieurs centaines de milliers d'étoiles membres.

Pour les astronomes amateurs, ces amas globulaires représentent un spectacle de choix.

Rappelons que les amas globulaires sont au nombre d'environ 200 et gravitent tout autour du centre de la Galaxie situé dans la direction de la constellation du Sagittaire à une distance de 30 000 années-lumière de nous. La région dans laquelle ils évoluent constitue ce que l'on appelle couramment le « halo » de la Galaxie. C'est d'ailleurs en cherchant dans les années 1910 à rendre symétrique la distribution de ces amas globulaires que l'astronome américain Harlow Shapley a « déplacé » le centre de la Galaxie et trouvé sa position maintenant reconnue par tous : on s'aperçut alors que le Soleil et son Système n'occupent pas une position particulière dans notre Galaxie. La deuxième caractéristique intéressante des amas globulaires est l'âge des étoiles qui les constituent et qui sont les plus vieilles de toutes celles que l'on peut observer dans l'Univers : leur âge, en effet, est de l'ordre de 13 milliards d'années : il s'est écoulée moins d'un milliard d'années entre le Big Bang et la formation de ces objets qui apparaissent comme les « reliques » de l'Univers observable.

L'amas globulaire M80

Voici une magnifique photographie prise par le télescope spatial Hubble d'une petite nébuleuse planétaire dite « nébuleuse du Spirographe » (IC 418), située à 2000 années-lumière de nous, dans la direction de la constellation du Lièvre, un peu en dessous de la constellation d'Orion, visible donc dans l'hémisphère nord. Ces majuscules IC font référence au catalogue infrarouge. Le nom de Spirographe lui a été vraisemblablement donné en référence aux nombreuses stries circulaires que l'on peut voir dans la partie bleue de cette enveloppe « soufflée » par l'étoile centrale.

La nébuleuse du Spirographe (IC 418)

Rappelons qu'une nébuleuse planétaire constitue la phase préfinale de l'évolution d'une étoile de faible masse comme le Soleil : environ un milliard d'années après le début de sa phase géante rouge (c'est-à-dire dans 6 milliards d'années pour le Soleil), l'enveloppe externe de l'étoile se dilate à des vitesses de quelques centaines de km par sec en se refroidissant à mesure qu'elle se dilue en augmentant de taille, c'est-à-dire en passant de la couleur bleue à la couleur rouge. Cette phase de « nébuleuse planétaire » dure quelques centaines de milliers d'années au bout de laquelle l'étoile centrale se « ratatine » en naine blanche : une étoile comme le Soleil a alors un rayon cent fois plus petit, comparable à celui de la Terre. De blanche, cette naine devient brune puis noire et termine son évolution en demeurant un fossile massif mais invisible. Dans le cas de la nébuleuse du spirographe, on observe de façon irrégulière de brusques sursauts de lumière, ce qui signifie que la dilatation des couches externes n'est pas un processus « tranquille » comme le laisserait supposer cette belle photo.

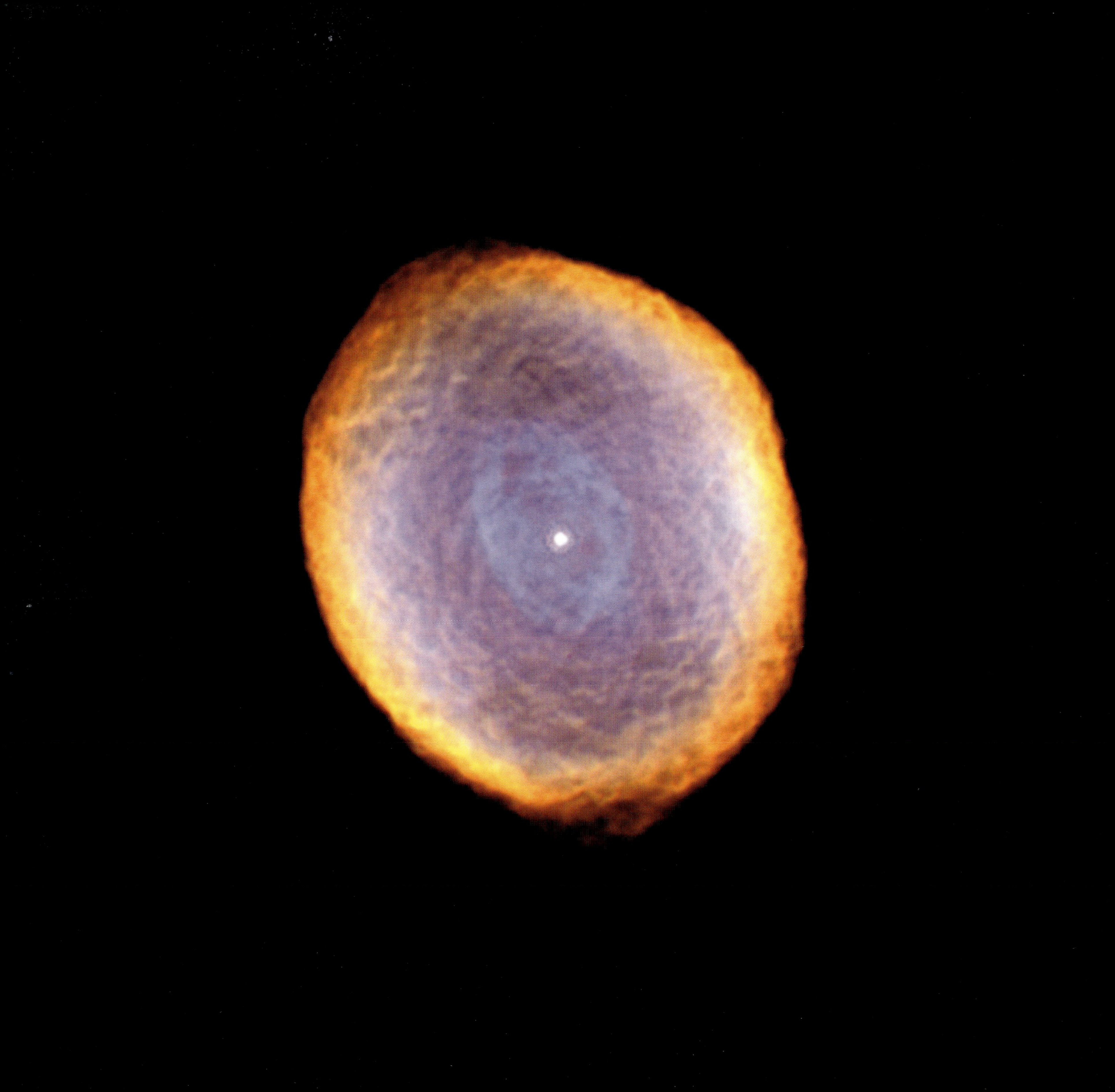

La nébuleuse de l'Hélice (Helix, NGC 7293)

La nébuleuse de l'Hélice est une nébuleuse planétaire très proche de nous puisqu'elle est distante d'environ 700 années-lumière. On peut l'observer dans la direction de la constellation du Verseau à proximité de celle du Poisson austral dans l'hémisphère Nord. La photo reproduite ici a été prise dans l'infrarouge par le télescope spatial Spitzer : la belle couleur émeraude de l'enveloppe ainsi éjectée et qui s'étend sur 3 années-lumière est due à l'hydrogène. Certains voient dans cette image comme un œil (« l'œil de Dieu » ?)

La nébuleuse planétaire dite « l'Œil du Chat » ou « l'Œil de la Chouette » est située à 3 000 années-lumière de nous dans la direction de la constellation du Dragon, entre la Grande Ourse et la Petite Ourse, depuis l'hémisphère nord. Cette photo spectaculaire a été prise par le télescope spatial Hubble. Une étoile analogue au Soleil en fin de vie expulse vers le milieu interstellaire par une série de phases assez complexes les gaz contenus dans son enveloppe externe. Cette succession d'expulsions est peut-être due à la présence d'une étoile compagnon qui formerait un système double avec l'étoile située au centre de cet « œil ». Ces processus précèdent la « fossilisation » de l'étoile en naine blanche.

La nébuleuse planétaire « l'Œil du Chat » (NGC 6543)

Voici notre Soleil désagrégé, ce qu'il en restera dans six milliards d'années.

Devenu poussière, baptisé à son tour « nébuleuse », oublieux de ce qu'il a été, de ce qu'il a fait naître, de ce qu'il a nourri, de ce qu'il a brûlé, il ne gardera sans doute que ce noyau brillant, halluciné, qui vaut à celle-ci de s'appeler « l'Œil de la Chouette ».

Veillant ainsi sur quelle nuit? Et guettant quels rongeurs dans l'immense forêt?

Nous avons peuplé l'univers de vastes animaux fantasmagoriques, comme pour introduire une vie énorme, à tout prix, dans les espaces où notre vie n'a pas accès.

Ici, habitude de la nuit. Patience et silence.

L' « Œil de la Chouette »: à l'affût persistant de la matière noire ?

Jean-Claude Carrière

Quatre étoiles intéressantes

▸ *En haut et à gauche*, on peut voir une image de l'étoile Bételgeuse, l'étoile la plus brillante de la constellation d'Orion qui se trouve en haut à gauche du Trapèze d'Orion. Cette photo, prise avec le télescope spatial Hubble, montre que cette étoile supergéante rouge a un diamètre supérieur à deux fois celui de l'orbite de Mars : si le centre de Bételgeuse coïncidait avec celui du Soleil, elle s'étendrait à une distance légèrement inférieure à celle de Jupiter. Son volume est 160 millions de fois celui du Soleil mais sa masse n'est que de 20 masses solaires.

▸ *En haut et à droite*, on trouve une photographie également prise par le télescope spatial Hubble en décembre 2004 de la fameuse supernova 1987A du grand Nuage de Magellan dont on observa le début de l'explosion le 24 février 1987. Les études consacrées à cet objet ont permis d'accomplir des progrès considérables dans nos connaissances concernant les supernovæ. L'étoile dont on a observé l'explosion est une supergéante bleue ayant une masse d'environ 20 masses solaires qui porte le nom de Sanduleak -69° 202.

▸ *En bas et à gauche*, le cliché pris en rayons X par le satellite Chandra d'une étoile binaire appelée Mira, distante de 420 années-lumière et faisant partie de la constellation de la Baleine. Elle est constituée d'une géante rouge (la grosse tache) alors que son compagnon serait une étoile de la séquence principale des naines (comme le Soleil), peut être entouré d'un disque proto planétaire. Mira ferait partie des étoiles à luminosité variable périodique.

▸ *En bas et à droite*, le cliché pris en 2005 dans l'infrarouge proche par le télescope spatial Hubble d'un système stellaire double désigné par le code CHXR 73 A et B à une distance d'environ 500 années-lumière. Le composant A est une naine rouge dont la masse est le tiers de celle du Soleil et qui serait passablement jeune (âge de 2 millions d'années). Le composant B orbite autour de A à une distance de plus de 30 milliards de km. Il est cent fois moins lumineux que A et aurait une masse de 12 fois celle de Jupiter, ce qui en fait un objet intermédiaire entre une planète et une étoile, plutôt à ranger du côté des planètes car sa masse ne doit pas être suffisante pour parvenir à déclencher les réactions de fusion thermonucléaire du deutérium.

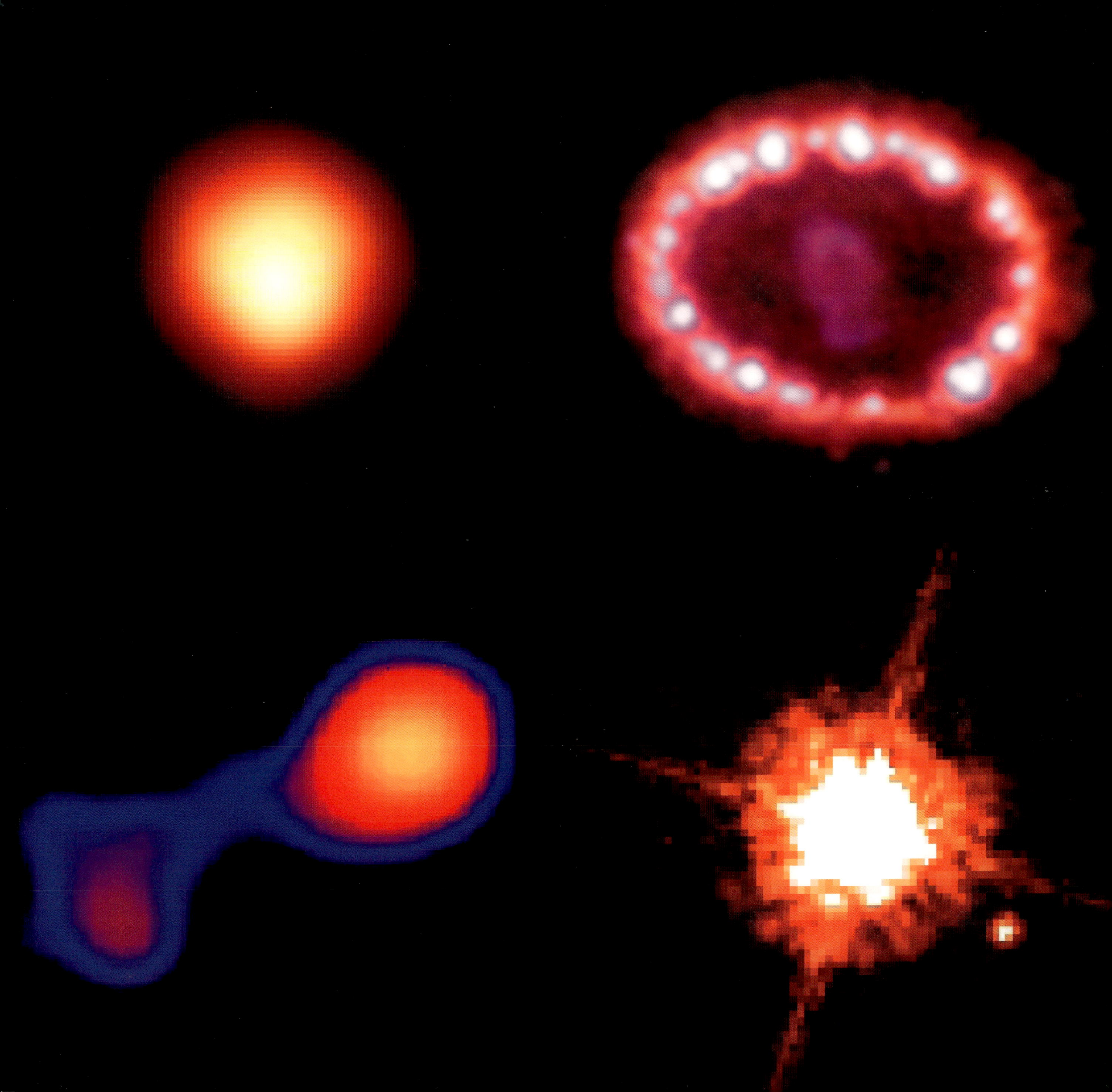

L'étoile Monoceros est une étoile supergéante rouge située dans la constellation de la Licorne à 20 000 années-lumière de nous. C'est une sorte de supernova « avortée » puisqu'elle perdit une importante quantité de matière et devint 600 000 fois plus lumineuse que le Soleil lors des observations effectuées par le télescope spatial Hubble en 2002. L'explosion attendue ne se produisit pas et l'étoile reprit ensuite l'apparence de supergéante rouge qu'elle avait auparavant. Elle est donc devenue en 2002 une nova qui fût la première à être suivie par le télescope spatial Hubble.

L'étoile Monoceros

Voici que nous atteignons Monoceros. J'avoue que je ne la connaissais pas.

Une géante rouge, nous dit-on, qui, n'en pouvant plus, a explosé. Des nuages illuminés, comme composant la roue d'un feu d'artifice, tournent autour de la géante à l'agonie, laquelle se tord dans des convulsions. De tous côtés s'en vont des faire-part: Allez dire que je suis morte.

Mais où aller? Quelles directions prendre? Comment nous y retrouver, dans ce parcours sans signalisation?

Nous qui savons par cœur le code de notre route, qui nous donnera des repères?

Un cadavre géant qui s'étend et qui se dissout dans les espaces, tout autour.

Comme tous les cadavres: un signe du temps.

Ronde funèbre autour d'un astre qui se prenait peut-être pour un univers.

Jean-Claude Carrière

La nébuleuse du Crabe est située à une distance de 6500 années-lumière dans la direction de la constellation du Taureau et s'étend sur 6 années-lumière, soit 6 10^{13} km, un peu plus que la distance entre le Soleil et Proxima du Centaure, l'une des étoiles les plus proches de lui. Cette nébuleuse, classée en tête dans le catalogue de Messier, est certainement le reste de supernova le plus spectaculaire. Une supernova est une étoile de masse au moins égale à 5 à 10 fois celle du Soleil qui explose quasiment entièrement en produisant en un temps très bref (de l'ordre de la seconde) une colossale quantité de lumière dont la luminosité maximale est comparable à celle de la Galaxie tout entière. Cette luminosité décroît de façon exponentielle sur des échelles de temps de l'ordre de la semaine. Le taux d'apparition des supernovæ est de l'ordre de 2 à 3 par siècle et par galaxie. Vu le très grand nombre de celles-ci, l'observation d'une explosion de supernova dans une galaxie lointaine est un événement assez fréquent. En ce qui concerne cet objet-ci, les astronomes chinois observèrent l'explosion de la supernova qui donna naissance à la nébuleuse du crabe en juillet 1054 et, pendant une semaine environ, cette étoile « invitée » fût visible en plein jour.

Les parties externes de la nébuleuse du Crabe consistent en des filaments de couleur rouge (due à l'hydrogène ionisé) qui continuent à se dilater avec des vitesses de l'ordre de 1000 km/sec. La couleur jaune des régions internes est due au rayonnement émis par les électrons accélérés par le pulsar central : au centre de cette nébuleuse, les radioastronomes détectèrent en 1968 un pulsar dont la période de rotation est extrêmement rapide (33 millisecondes), en raison du caractère relativement récent de cette explosion de supernova : ce pulsar n'est autre que l'étoile à neutrons (une masse solaire concentrée dans un rayon de quelques km !) qui prit naissance lors de la contraction du cœur de l'étoile qui précéda et fût la cause de l'explosion de ses couches externes.

La nébuleuse du Crabe (M1)

Les Chinois, donc, la virent les premiers, cette étoile qui explosa au XIe siècle, et qui depuis ne cesse de se répandre dans le ciel, à une vitesse extra-terrestre.

La voici maintenant « nébuleuse », porteuse d'étoiles, mais montrant, en son centre, une toupie affolée, un pulsar frénétique. Là aussi l'univers que nous regardons se dissout et se recompose, inlassable. Nous n'en aurons jamais fini avec les étoiles. On dirait que chaque nébuleuse voudrait s'approprier l'infini, que toutes les galaxies sont lancées à la conquête du vide.

Et nous lui avons donné le nom d'un crustacé. Nous la voyons armée de pinces, menaçante, à l'abri d'une carapace céleste. Pourquoi pas ? Toute appellation est réductrice, par nécessité. Et nous n'avons pas assez de monstres dans notre vocabulaire imparfait.

Jean-Claude Carrière

Le reste de la Supernova SN1572 (Tycho)

On a attribué le nom de « Tycho » à ce reste de supernova parce que le célèbre astronome danois Tycho Brahe l'a effectivement observé le 11 novembre 1572 dans la direction de la constellation Cassiopée. Il était alors plus brillant que Vénus et il fût visible à l'œil nu jusqu'en mars 1574. Tycho Brahe écrivit un livre à son sujet dont le titre est *De Stella Nova* (au sujet d'une étoile nouvelle). C'est à partir de ce titre que l'on désigna du nom de supernova les explosions d'étoiles. On apprit plus tard que la distance entre Tycho et nous est de 7 500 années-lumière.

Le cliché qui est reproduit ici est une combinaison de l'observation de cet objet en rayons X par l'observatoire spatial Chandra, de son rayonnement en infrarouge détecté par le télescope spatial Spitzer et de son image dans le visible, prise à l'Observatoire Calar Alto dans la province d'Almeira en Andalousie. Contrairement à la nébuleuse du Crabe, on n'a pas détecté de pulsar au centre de Tycho. Ceci suggère que la supernova ayant été observée par Tycho serait de type I (une étoile qui explose complètement) alors que celle qui s'est transformée en nébuleuse du Crabe serait de type II pour laquelle l'explosion laisse subsister la région centrale qui se transforme en étoile à neutrons (pulsar). C'est grâce à l'observation par le télescope spatial Hubble de supernovæ de type I dans des galaxies très lointaines qu'une équipe internationale d'astronomes a démontré que l'expansion de l'Univers s'accélère au lieu de se freiner, semblant impliquer par là l'existence d'une énergie primordiale considérable existant dans l'Univers depuis le Big Bang.

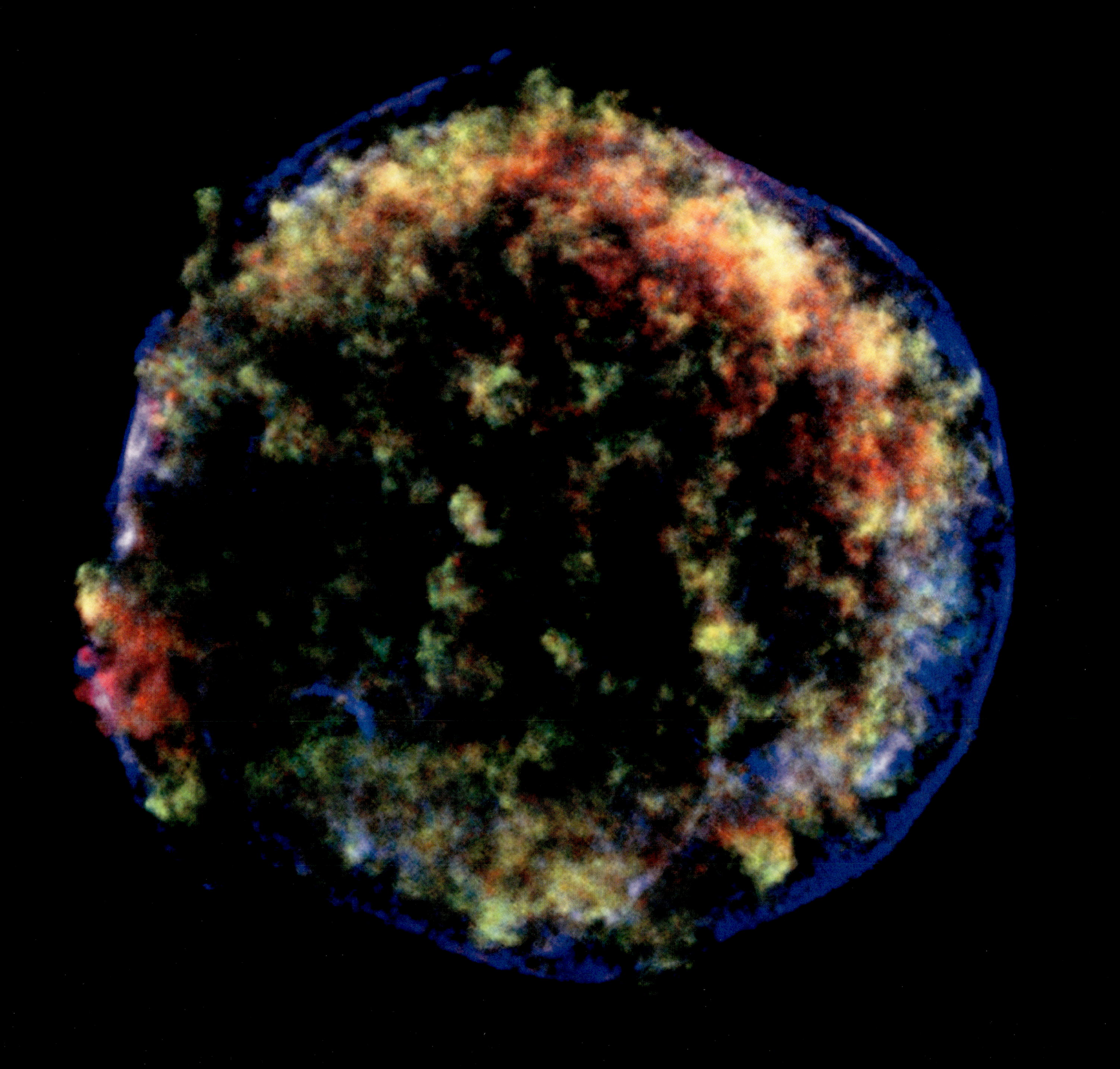

Le reste de supernova « Cassiopée A »

Dans la constellation de Cassiopée (qui forme un W majuscule dans le ciel de l'hémisphère nord) se trouve à droite de cet ensemble d'étoiles le reste d'une supernova qui a dû exploser autour de l'année 1670. La communauté des astronomes continue à ne pas comprendre pourquoi cette explosion, pourtant proche (la distance de cet objet est de 10000 années-lumière), n'a pas été observée alors.

Ce reste de supernova porte le nom de Cassiopée A : il constitue la radiosource la plus brillante dans le ciel après le Soleil. Sa dimension angulaire est de 5 minutes d'arc, soit une dimension de 14 années-lumière environ. Bien que difficile à voir dans le domaine de la lumière visible, Cassiopée A est un fort émetteur dans l'ensemble du spectre de longueurs d'onde du rayonnement électromagnétique, depuis la radio jusqu'aux rayons X et gamma. En particulier, le satellite « Integral » de l'Agence spatiale européenne fût capable d'effectuer des mesures de spectroscopie dans le domaine des rayons gamma : des photons très énergétiques, de longueur d'onde précise caractéristique de l'élément chimique considéré, sont émis lors de la transmutation radioactive de noyaux instables produits lors des explosions de supernovæ tels le nickel 56 au moment où il se transforme en cobalt 56 en un peu plus de 6 jours de période puis de cobalt 56 en fer 56 (avec une période de 77 jours) ou le titane 44 lors de sa transformation en scandium 44 (en une soixantaine d'années de période) puis en en calcium 44. Rappelons que la période d'un élément radioactif est le temps qui s'écoule pendant lequel la teneur de cet élément décroît d'un facteur 2,7182. Le nombre 2,7182 est la constante exponentielle « naturelle », découverte par le mathématicien écossais John Neper (ou Napier), l'inventeur des logarithmes. Les spécialistes de la spectroscopie gamma ont été en mesure de montrer que dans Cassiopée A existent de grandes quantités de titane 44, ce qui est la trace d'une activité nucléosynthétique intense et récente.

Nous avons placé ici une représentation artistique du voisinage d'un trou noir stellaire. Le lecteur intéressé est invité à consulter les nombreux ouvrages qui décrivent en détail ce type d'objets et leurs propriétés. Ici je n'ai la place que :

1. de rappeler leur définition à savoir que ce sont des astres dont la gravité est telle qu'ils capturent tout y compris les rayonnements électromagnétiques dont la lumière visible et ce, en accord avec la théorie de la Relativité générale d'Einstein ;

2. d'écrire que les astronomes s'intéressent principalement à deux types de trous noirs, d'une part les trous noirs « stellaires » qui ont typiquement une masse dans le domaine 20 à 50 fois celle du Soleil et d'autre part les trous noirs « galactiques » dont la masse est supérieure à quelques millions de fois celles du Soleil. Les trous noirs stellaires constituent des sources de rayons X très intenses. Par ailleurs, on sait que toutes les galaxies spirales proches (dont la nôtre, la galaxie d'Andromède, M81...) abritent en leur centre un trou noir galactique. On attribue aux trous noirs « galactiques » qui se trouvent au centre d'un quasar la capacité d'accélérer à des vitesses très élevées la matière qui les entoure ce qui constitue la source de l'énergie rayonnée par ces objets ;

3. de souligner, en effet, ce paradoxe selon lequel les trous noirs, malgré la captation de leurs rayonnements intrinsèques, sont des objets très faciles à détecter en raison de l'énergie qu'ils impriment à la matière qui leur est proche et qui disparaissent en eux, non sans avoir émis au préalable des énergies conséquentes.

Un trou noir

Nous savons qu'un trou noir n'est pas un trou et qu'il n'est pas noir. C'est pourquoi sans doute nous ne pouvons pas le photographier, ni le voir, et que, pour le représenter, nous avons besoin d'un artiste. Car l'artiste voit ce que les autres ne voient pas...

Ce trou noir dessiné n'est donc pas un trou noir (pas plus qu'une pipe peinte n'est une pipe). Il est ce que l'artiste a vu sous ces deux mots : un des prédateurs de l'espace, un insatiable avaleur de mondes. On nous dit, avec une apparence de sérieux, qu'un minuscule cube de matière y pèserait 400 millions de tonnes : comment nous imaginer ce phénomène ?

Serait-il un de ces régulateurs dont tous les systèmes ont besoin ? Le trou, le noir : des images de vertige, de chute et d'obscurité. Le ciel nous donne, dans l'invisible, notre leçon de néant.

Jean-Claude Carrière

La Voie lactée et les autres galaxies

Notre Soleil et son « Système » font partie d'un vaste ensemble d'étoiles appelé Voie lactée. À cette vaste draperie translucide, seulement visible les nuits sans Lune, on a donné le nom de Galaxie, par référence à sa teinte blanchâtre, « lactique ».

On sait que, dans le ciel, on ne compte pas les tailles en mètres, ni même en kilomètres mais en années-lumière. Notre Galaxie est grande de 100 000 années-lumière et comprend environ 150 milliards d'étoiles dont la plupart ressemblent au Soleil. Notre Galaxie fait partie de la famille des « galaxies spirales ». Car il en existe bien d'autres, figurez-vous, par exemple les Galaxies elliptiques (oh le beau nom!) ou les Galaxies dites « spirales barrées », les Galaxies seulement « irrégulières » (pour celles-là, les astronomes manquaient de vocabulaire)...

Comme les étoiles, souvent attirées les unes par les autres et formant ainsi des amas stellaires, les galaxies exercent souvent une attraction les unes sur les autres. Et parfois elles entrent en collision. Imaginez un instant le spectacle de tels chocs!

Et de même que les étoiles, les galaxies se regroupent aussi en amas de plusieurs centaines. Le télescope spatial Hubble a permis de montrer que la plupart des galaxies spirales et elliptiques proviennent du heurt de proto galaxies primitives bleues et irrégulières.

Les télescopes ne constituent pas le seul moyen d'observer le ciel. La matière a la propriété de courber la lumière. En regardant les figures de diffraction ou ce que l'on appelle les « arcs gravitationnels », on peut avoir accès à l'invisible. Vous verrez comment, grâce à l'analyse des irrégularités du rayonnement radio à 2,7 K (ne me demandez pas ce qu'il en est exactement), les savants déterminent l'âge de l'Univers et la nature de son contenu en énergie et en matière.

Erik Orsenna

Le centre de notre Galaxie

Le centre de notre Galaxie (la Voie lactée), se trouve dans la direction de la constellation du Sagittaire, à 26000 années-lumière de nous. Cette direction n'est visible que depuis l'hémisphère sud. Pendant longtemps on a fait coïncider le centre de la galaxie uniquement avec une source radio compacte du nom de Sagittarius A. Grâce aux observations en rayons X effectuées d'abord avec le satellite européen XMM-Newton, puis avec l'observatoire spatial X américain Chandra, enfin dans le visible et en infrarouge, en particulier avec le VLT (le Très Grand Télescope européen au Chili), on a pu détecter un candidat trou noir galactique dont la masse serait de 3,6 millions de masses solaires qui tiendrait dans un volume dont le diamètre serait inférieur à une unité astronomique (150 millions de km).

La Galaxie contient dans son disque plusieurs bras spiraux (le Système solaire appartient à l'un d'entre eux appelé le bras d'Orion) et environ 150 milliards d'étoiles. Elle fait donc partie de la famille des galaxies spirales. Le gaz interstellaire contribue à 5 % de sa masse (la couleur rouge brique qui domine ce cliché provient de l'hydrogène ionisé contenu dans ce gaz) ; tout le reste est sous forme d'étoiles.

Double-page suivante : extension de l'un des bras de la Voie lactée (notre Galaxie) dont le diamètre est d'environ 100000 années-lumière. La couleur rouge qui domine sur cette image est due à l'hydrogène ionisé du gaz interstellaire galactique. C'est à l'intérieur de l'un de ces bras que se trouve notre Système solaire, à une distance de 26000 années-lumière du centre de la Galaxie.

Le Grand Nuage de Magellan est une galaxie naine irrégulière, satellite de la nôtre et située à 179 000 années-lumière dans une direction comprise entre celle de la Constellation de la Dorade et celle de la constellation de la Table, c'est-à-dire visible à l'œil nu dans l'hémisphère sud. Il occupe, en effet, une région du ciel austral grande de 7° x 7°. Il possède une barre stellaire qui se superpose à un disque. Sa masse est de l'ordre de 6 à 20 milliards de masses solaires (soit au mieux 10 % de celle de la Galaxie) et cet objet s'étend sur 15 000 années-lumière environ. La photographie qui est présentée ici ne montre qu'une partie de cette galaxie dans laquelle on peut voir des centaines de systèmes stellaires de grande masse où de nombreuses étoiles sont en train de se former. Les deux nuages de Magellan se caractérisent, en effet, par une forte activité de formation d'étoiles et par la présence de très nombreuses étoiles massives.

Parmi les spécificités du Grand Nuage de Magellan, il convient de noter la présence d'une très grande et très active nébuleuse appelée la nébuleuse de la Tarentule (30 Doradus ou NGC 2070) qui se trouve au sud du Grand Nuage de Magellan et qui est la région dominée par l'hydrogène ionisé la plus importante parmi toutes les galaxies du groupe local. Le nom de Tarentule lui a été donné parce que certains y ont vu la forme d'une énorme araignée. Cette nébuleuse est une région de formation de très nombreuses étoiles de grande masse. C'est à l'intérieur de cet objet que l'on vient de trouver le 21 juillet 2010 l'étoile la plus grosse, observée à ce jour, R136a1, dont la masse pourrait être aussi importante que 300 fois celle du Soleil. C'est également au voisinage de cette nébuleuse que l'on a observé l'explosion de la supernova 1987A. De fait on dénombre une quarantaine de restes de supernovæ dans cette galaxie. Signalons enfin qu'un pont de matière (« le Pont magellanique ») fait d'étoiles et de gaz relie le Grand Nuage au Petit Nuage de Magellan.

Le Grand Nuage de Magellan

Ainsi nommé, j'imagine, parce que Magellan fut un des premiers Européens à le voir, lorsqu'il put regarder le ciel, la nuit, dans l'hémisphère sud.

Il paraît que, dans les parages, se trouve l'étoile la plus massive que nous connaissions, grosse comme trois cents Soleils. Comment la présenter, dans le calme déroulement d'un livre ?

N'est-il pas insensé de « mettre en pages » l'univers ? Ces mondes sont prodigieusement divers, de formes comme de dimensions. Pourtant, page après page, nous accordons la même place à une planète et à un amas de galaxies. Pour la seule raison que nous faisons un livre.

Toujours cette vieille manie de l'ordre. Nous avons besoin, pour connaître, de tout étiqueter, de tout ranger dans de petits tiroirs. Nous avons même classifié le chaos.

Jean-Claude Carrière

Le Petit Nuage de Magellan est également une galaxie naine irrégulière, satellite de la Galaxie et située à 200 000 années-lumière de nous dans la direction de la constellation du Toucan. Comme le Grand Nuage de Magellan qui fait avec le Petit Nuage un angle de 20° vers l'est, cette galaxie moins massive (800 millions de masses solaires) mais aussi étendue (15000 années-lumière) est visible à l'œil nu depuis l'hémisphère sud. Leurs noms font, en effet, référence au périple exploratoire effectué par Magellan et ses marins qui n'ont pas manqué de remarquer ces deux nuages brillants dans le ciel austral. Leurs formes respectives ont été affectées par les forces de marée qu'ils exercent l'un sur l'autre en raison de leur proximité relative. On remarque également que leurs étoiles sont relativement jeunes : les amas globulaires qui gravitent autour d'eux sont constitués d'étoiles récentes contrairement à ceux de notre Galaxie.

Le Petit Nuage de Magellan

Du fait de sa faible masse relativement à celles des galaxies spirales « ordinaires », les astrophysiciens prêtent une attention particulière à la composition chimique du Petit Nuage de Magellan car ils supposent que sa matière interstellaire a été moins « polluée » par les apports des différentes générations d'étoiles qui y sont beaucoup moins nombreuses. Ceci se manifeste par la proportion élevée de cette matière par rapport à celle sous forme d'étoiles. Elle se rapprocherait donc davantage de la matière « primitive » quant à sa teneur en éléments chimiques complexes (carbone et éléments chimiques de masse atomique plus élevée).

Ce jeune amas d'étoiles situé dans une aile du Petit Nuage de Magellan (voir page 122) a été photographié par le télescope spatial Hubble. On observe au cœur de cet objet qui mesure environ 200 années-lumière un groupe de jeunes étoiles bleues. Par leur fort rayonnement et par leurs « vents » violents qui créent des ondes de choc, ces étoiles centrales repoussent le gaz et les poussières interstellaires à la périphérie de cet amas où la matière se concentre pour donner naissance à de nouvelles étoiles : on remarque, en particulier des structures en zig zag qui sont des lieux où celles-ci se forment.

L'amas d'étoiles NGC 602

Nous sommes loin, déjà. Si loin. Plus nous nous éloignons, plus notre vitesse s'accroît.

Et nous voici, par la grâce de quelque Zao Wou-Ki céleste, accueillis par un chœur de jeunes filles nimbées de bleu. Elles nous attendent sur le seuil d'une vaste caverne aux parois vaporeuses. On croirait entendre des harpes, et des chants.

Serait-ce la fin du voyage ? Aurions-nous atteint le dernier repos ?

Interrogeons-les. Elles sont, nous disent-elles, de jeunes étoiles qui ne savent pas encore quel destin cosmique leur est réservé.

Quels mondes leur seront soumis ? Quelles planètes composeront leur suite ? C'est un secret, pour l'Univers lui-même.

Ici, la confusion est harmonie et la jeunesse, comme partout, veut réhabiliter le monde.

Quant aux nuages, touchés par une espèce de sagesse, pour le moment ils ne se dissipent pas.

Jean-Claude Carrière

La galaxie d'Andromède (M31 ou NGC 224)

Cette galaxie, visible à l'œil nu dans l'hémisphère Nord sous le W majuscule de la constellation de Cassiopée est l'un des objets célestes les plus intéressants : c'est effectivement la « sœur jumelle » de la Voie lactée, notre Galaxie : les habitants de la galaxie d'Andromède qui font de l'astronomie voient la nôtre comme nous voyons la leur. Elle est située à 2 millions d'années-lumière de nous et fait donc partie, comme la Voie lactée et une vingtaine d'autres objets galactiques (Grand et Petit Nuages de Magellan...) de ce qu'il est convenu d'appeler le groupe « local » de galaxies, lui-même un sous-ensemble du super-amas de la Vierge.

Nous avons choisi de montrer l'image prise de cette galaxie par le télescope spatial infrarouge Spitzer. Dans le visible, elle apparaît comme un grand disque lumineux dont le cœur brillant est de couleur blanc – jaune, qui est lui-même entouré de bras spiraux relativement peu étendus et dont la couleur dominante est bleue : comme dans le cas de notre galaxie, ces bras spiraux externes doivent être constitués majoritairement d'étoiles massives et jeunes qui émettent préférentiellement de la lumière dans ce domaine de longueur d'onde.

La galaxie d'Andromède est légèrement plus grande que la Voie lactée (110 000 années-lumière à comparer aux 100 000 de la nôtre). En revanche, elle est notoirement plus grosse (200 à 400 milliards de masses solaires à comparer aux 150 milliards de la nôtre). On évalue à 400 (au lieu de 250 dans notre cas) le nombre d'amas globulaires qui gravitent autour de cette galaxie qui possède également deux galaxies satellites très brillantes (M32 et M110) qui lui sont liées gravitationnellement, comme les Nuages de Magellan le sont par rapport à la nôtre. Le centre de la galaxie d'Andromède abrite un trou noir au moins 10 fois plus gros (quelques dizaines de millions de masses solaires) que celui qui séjourne au centre de la nôtre (quelques millions de masses solaires).

Alors que la majorité des galaxies s'éloignent de nous d'autant plus vite qu'elles sont plus éloignées comme l'a montré Edwin E. Hubble en 1927, la galaxie d'Andromède et la nôtre se rapprochent avec une vitesse de l'ordre de 50/100 km/sec. : leur collision devrait se produire dans 2 à 4 milliards d'années et donner lieu à des phénomènes semblables à ceux que l'on peut voir sur d'autres pages de cet ouvrage.

La galaxie M81

C'est une magnifique galaxie spirale qui forme un ovale quasi parfait et qui est située dans la constellation de la Grande Ourse à 11,8 millions d'années-lumière, ce qui en fait l'une des galaxies les plus proches de la nôtre et qui la rend visible avec un petit télescope ou une paire de jumelles. Elle fait, en effet, partie du Groupe Local qui comprend une vingtaine d'objets dont notre Galaxie et la galaxie d'Andromède. Elle est un peu moins grande que ces deux dernières (60 000 années-lumière au lieu de 100 000) et possède en son centre un trou noir très important et donc très actif, gros de 60 millions de masses solaires.

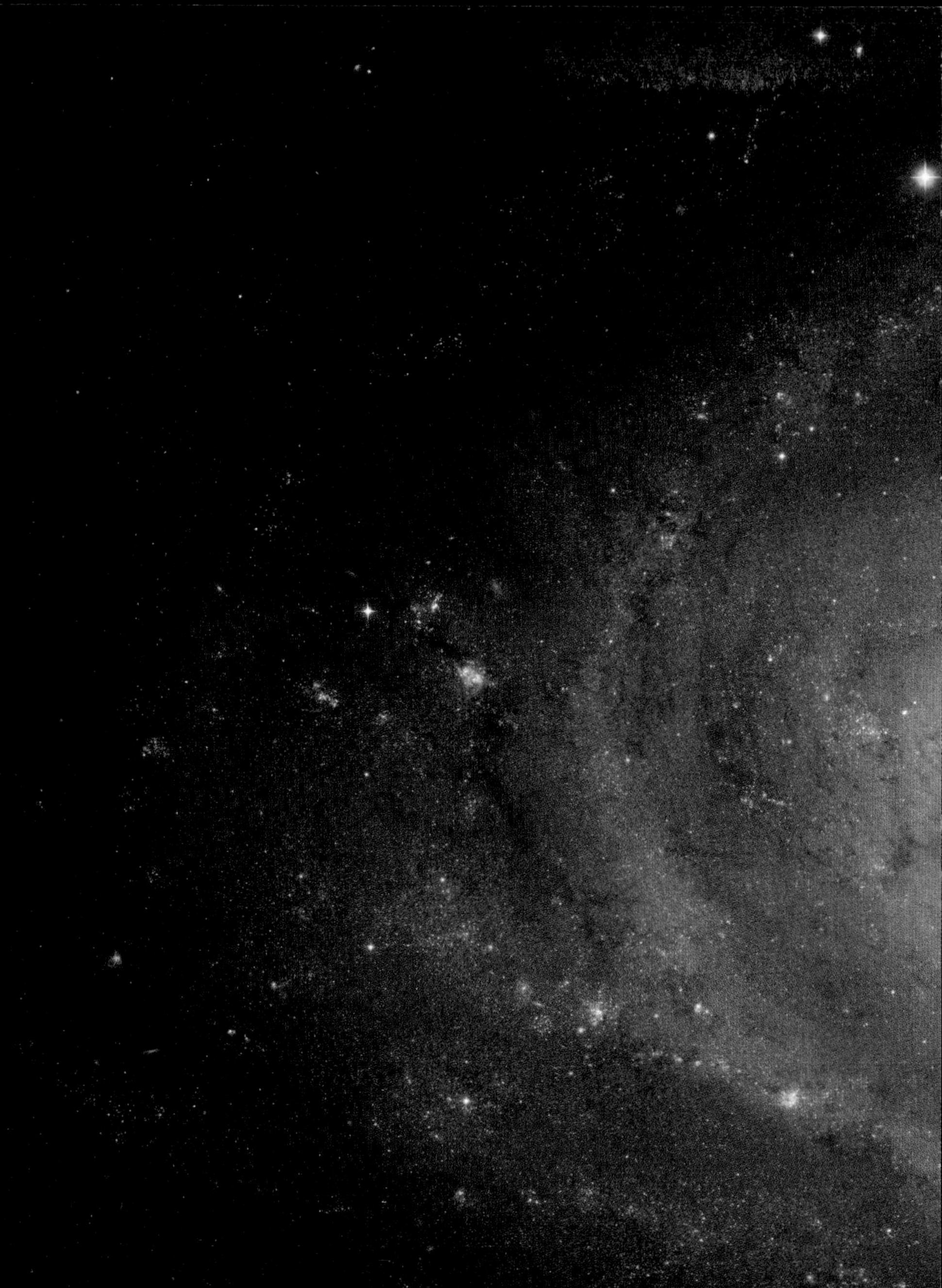

La galaxie du Sombrero

La galaxie du Sombrero (M 104) est certainement l'une des plus belles et des plus spectaculaires : elle est située dans la constellation de la Vierge à une distance de 28 millions d'années-lumière. Elle a la même taille que la Voie lactée (100 000 années-lumière de diamètre). Elle est caractérisée par cette mince bordure sombre constituée de gaz et de poussière qui obscurcit la lumière émise par les étoiles contenues en son centre.

La galaxie spirale barrée NGC 1300

La grande galaxie spirale barrée NGC 1 300 est située à 61 millions d'années-lumière du Soleil et se trouve dans la constellation de l'Eridan, visible dans l'hémisphère austral. Cette galaxie est 1,5 fois plus grande que la nôtre puisqu'elle s'étend sur 150 000 années-lumière. Cette photo prise grâce au télescope spatial Hubble en septembre 2004 permet de distinguer des détails intéressants dans son noyau, sa barre et ses bras spiraux : on peut y voir des amas stellaires, des étoiles super géantes, des régions de formation d'étoiles sans oublier de belles lignes sombres de poussières dans son cœur et sa barre.

Quatre galaxies

En haut à gauche: la galaxie Messier 74 située à 30 millions d'années-lumière du Soleil dans la direction de la constellation des Poissons. Elle se présente de face et permet donc l'étude complète de sa structure spirale qui présente une symétrie quasi parfaite. Son diamètre est sensiblement égal à celui de notre Galaxie.

En bas à gauche: une galaxie appelée « la roue dentelée » qui se trouve à 600 millions d'années-lumière de nous. L'anneau mesure 120 000 années-lumière de diamètre. Il contient de jeunes étoiles massives bleues et chaudes qui tournent autour d'un noyau central de couleur jaune fait de vieilles étoiles.

En haut à droite: la radio galaxie Centaurus A est une galaxie lenticulaire située à 14 millions d'années-lumière dans la constellation du Centaure. Elle constitue une source de rayons X très intense due à l'émission d'un jet de matière très énergétique émis au voisinage d'un trou noir supermassif.

En bas à droite: la galaxie « l'œil noir » (M64) à 24 millions d'années-lumière, visible dans la constellation « la chevelure de Bérénice ». Elle est bordée d'une bande épaisse de poussières et de gaz sombre. Le gaz des régions externes

La galaxie naine NGC 1 569 se situe dans une direction comprise dans la constellation de la Girafe désormais à 11 millions d'années-lumière de nous : une équipe de l'Institut du télescope spatial Hubble a « allongé » cette distance qui était évaluée avant 2008 à 7 millions d'années-lumière en dénombrant les étoiles géantes rouges détectables sur le cliché reproduit ici.

Cette galaxie naine irrégulière qui comprend une dizaine de milliards d'étoiles se caractérise par un taux de production d'étoiles particulièrement important, au moins cent fois supérieur à celui qui prévaut dans notre galaxie. Sa partie centrale, dont le diamètre est de 5 000 années-lumière comprend trois amas stellaires parmi les plus grands observés à ce jour puisqu'ils contiennent chacun plus d'un million d'étoiles : le fait qu'elle soit naine, irrégulière et à fort taux de production d'étoiles rend l'étude de cette galaxie particulièrement intéressante : les observations d'amas de galaxies effectuées grâce au télescope spatial semblent montrer que les galaxies spirales et elliptiques se forment par agglutination de ces galaxies naines, irrégulières et très actives.

La galaxie naine NGC 1569

Cette galaxie naine irrégulière distante de 60 millions d'années-lumière du Système solaire est observable au télescope dans l'hémisphère sud dans la direction de la constellation du Fourneau (*Fornax* en latin). La photo qui est montrée ici a été prise en 2005 grâce au télescope spatial Hubble. Elle se dirige à très grande vitesse (600 km/sec) vers un groupe de galaxies dit « amas de galaxies de Fornax ». Ce déplacement rapide affecte grandement la « tête » de cette galaxie qu'il arrondit et dans laquelle de très nombreuses étoiles bleues très chaudes se forment à un rythme très rapide en raison des effets de gravité induits par la présence de ce groupe proche de galaxies : dans moins d'un milliard d'années, cette galaxie sera absorbée par une galaxie de ce groupe vers laquelle elle se dirige. Ses étoiles et sa matière interstellaire, se mélangeront alors avec les étoiles et la matière interstellaire de la galaxie avec laquelle elle va fusionner.

En haut et à gauche de ce cliché, on peut également admirer la présence d'une galaxie spirale, semblable à la nôtre avec ses bras symétriques, qui tourne sur elle-même comme une roue dentelée et qui possède un cœur particulièrement brillant : de nombreuses étoiles y prennent naissance, ce qui lui confère une belle couleur jaune.

La galaxie NGC 1427

La galaxie M82 est dite galaxie du Cigare en raison de sa forme très allongée qui se cache derrière ce foisonnement de couleurs. C'est une galaxie irrégulière, située dans la constellation de la Grande Ourse à une distance de 12 millions d'années-lumière, au voisinage de la galaxie M81, que l'on a déjà rencontrée précédemment (page 128) avec laquelle elle a d'ailleurs interagi dans le passé.

Ce qui est montré ici est une image composite, en fausses couleurs, de cette galaxie, obtenue en faisant coïncider trois clichés, le premier qui donne la cartographie en rouge du rayonnement infrarouge détecté par le satellite Spitzer, le second qui montre la distribution de lumière visible captée par le télescope spatial Hubble, depuis les longueurs d'ondes élevées (en réalité rouges), représentées ici en orange jusqu'aux courtes (en réalité violettes) représentées en jaune-vert. On peut voir enfin la bouffée de rayonnement X (ici en bleu) observée par le satellite Chandra.

La galaxie du Cigare (M82)

La galaxie du Cigare est donc une galaxie irrégulière dont le disque, qui mesure 40 000 années-lumière de diamètre et qui comprend environ 50 milliards d'étoiles, a été déformé par les interactions qu'il a subi de la part de la galaxie M81 il y a quelques centaines de millions d'années. Cette interaction est également à l'origine de sursauts d'étoiles, c'est-à-dire de l'apparition de régions de la galaxie dans laquelle le taux de formation d'étoiles est particulièrement élevé : plusieurs centaines de superamas d'étoiles (plus de 1 million d'étoiles chacun) de 20 années-lumière de diamètre, apparaissent dans la zone centrale de la galaxie. C'est la raison pour laquelle cette galaxie est un fort émetteur en ondes radio, en infrarouge et en X. On note enfin la présence de champs magnétiques élevés dans cette galaxie irrégulière mais très active.

Cet objet a cette forme particulière en raison d'une violente collision avec une galaxie naine bleue compacte qui se situe à 300 000 années-lumière de son disque et qui forme la « tête du têtard ». Elle est distante de 420 millions d'années-lumière par rapport à nous ; sa direction se situe à l'intérieur de la constellation du Dragon qui se trouve entre celles de la Lyre, du Cygne et de la Petite Ourse (dans l'hémisphère nord). Outre la présence de cette galaxie naine au sommet de cet objet, son caractère distinctif le plus significatif est l'existence de cette longue traînée bleue qui s'étend sur une longueur de 280 000 années-lumière, riche à la fois en gaz chaud et en poussières et qui doit sa couleur à la présence de nombreuses jeunes étoiles massives émettant de forts rayonnements lumineux dans ce domaine de longueur d'onde.

La galaxie du Têtard

Les galaxies des Chiens de Chasse (M51)

Le couple de galaxies qui est situé dans la constellation des Chiens de Chasse à une distance de 37 millions d'années-lumière porte aussi le nom de galaxie « tourbillon » (*whirpool* en anglais). On voit une grande galaxie spirale régulière aux bras bien découpés, ayant un diamètre de 100 000 années-lumière environ, qui comprend 160 milliards d'étoiles et dont le bras le plus externe est attiré par une galaxie plus petite et irrégulière qui est l'un de ses satellites. Cet objet constitue l'archétype du mode d'interaction entre une galaxie et l'un de ses satellites.

Interaction spectaculaire de deux galaxies appelées « les Antennes » situées à 63 millions d'années-lumière, visibles dans l'hémisphère sud dans la direction de la constellation du Corbeau. Celle de gauche est connue sous le nom de NGC 4038 ; c'était une galaxie spirale. Celle de droite (NGC 4039) était une galaxie spirale barrée. Elles se sont rapprochées l'une de l'autre, il y a environ 900 millions d'années. Elles se sont traversées l'une l'autre il y a 600 millions d'années et ont éjecté de la matière qui forme à proprement parler les antennes (comme celles des insectes !) il y a 300 millions d'années.

Un phénomène analogue surviendra dans quelques milliards d'années entre notre Galaxie (la Voie lactée) et la galaxie d'Andromède qui sont actuellement distantes de 2 millions d'années-lumière mais qui se rapprochent l'une de l'autre avec une vitesse relative de 50 km/s.

Les deux galaxies « les Antennes » (NGC 4038 & 4039)

Toutes les épopées humaines ont commencé par une grande bataille.

Voici pour finir le dernier combat.

Ce sont véritablement deux galaxies qui s'affrontent et qui se mêlent, toutes deux spiralées, toutes deux conquérantes. Elles sont comme deux chèvres sur le même pont, et leurs cornes sont des antennes. Elles sont têtues. Aucune ne reculera. Impossible de connaître le vainqueur avant quelques millions d'années.

À moins que le pont ne cède ? À moins qu'une trêve n'intervienne ? Un nouveau partage du ciel ?

Improbable.

Nos yeux se perdent, étonnés, sur un champ de bataille lointain et silencieux, où les raisons de l'immense conflit nous échappent, où les armes, qui semblent redoutables, nous sont cependant inconnues, et où les cadavres sont des étoiles.

Jean-Claude Carrière

Un exemple de cannibalisme galactique

On assiste ici au début d'une collision entre deux galaxies spirales (NGC 2 207 et IC 2 463) dans le ciel de l'hémisphère nord, à une distance de 140 millions d'années-lumière de nous et observable dans une direction comprise entre la constellation du Grand Chien et celle du Lièvre, en dessous de la constellation d'Orion. Le cliché reproduit ici a été pris par le satellite Spitzer et représente la distribution en fausses couleurs du rayonnement infrarouge émis par ce couple.

La grande galaxie spirale NGC 2 207, à gauche, « dévore » donc la petite galaxie IC 2 463, à droite, et ce depuis environ 40 millions d'années. Leurs noyaux respectifs sont actuellement à une distance d'environ 100 000 années-lumière. Leur rapprochement inexorable provoque des perturbations gigantesques qui éjectent progressivement les gaz et les étoiles de leur périphérie par effets de marée, créant de longues traînées de gaz autour d'elles. Dans quelques 500 millions d'années, la grande galaxie aura terminé « d'avaler » la petite et la fusion des deux galaxies sera alors complète.

Ainsi donc, il avait raison.

Et cela à cause d'un mot obscur (et pourtant il parle de la lumière) qui est « diffraction ».

Oui, il y a diffraction. Même la lumière la plus vive reste soumise à la géométrie. Lorsque l'Anglais Eddington en fournit la preuve (après la guerre 14-18, alors que l'Angleterre et l'Allemagne se déchiraient), un journaliste lui dit : « Oui, bon, mais il paraît qu'il n'y a que trois hommes au monde qui puissent comprendre ça ».

Eddington demanda : « Ah ? Et qui est le troisième ? »

La preuve, la voici maintenant sous nos yeux, éclatante. Bel hommage cosmique à celui qui changea notre regard, qui nous montra un autre monde dans le nôtre.

De là-bas, de très loin, Einstein nous apporte sa croix.

Jean-Claude Carrière

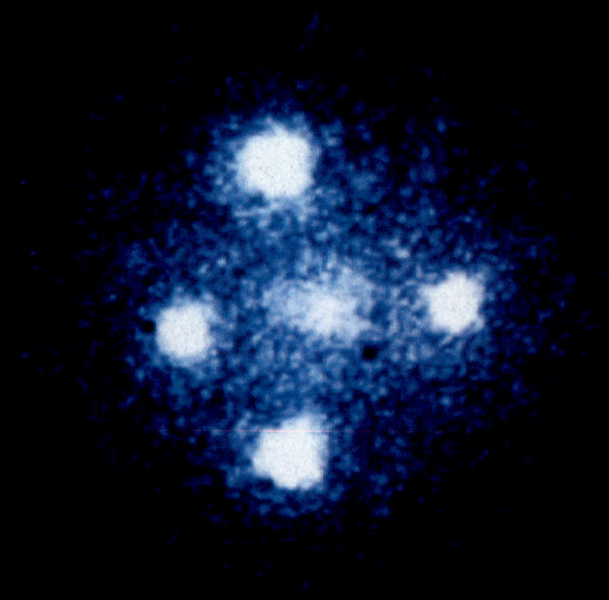

La Croix d'Einstein

La théorie de la Relativité générale d'Einstein, publiée en 1917, ne se contente pas de rendre compte des effets de la gravitation mieux que la mécanique de Newton présentée à la fin du XVIIe siècle ou encore de celle de la Relativité restreinte, également établie par Einstein en 1905. Elle est fondée sur la courbure imposée par les masses sur la géométrie de l'espace. C'est ainsi que la preuve observationnelle à la Relativité générale fût apportée en 1919 par Arthur Eddington au cours d'une éclipse de Soleil : il fût, en effet, capable de mesurer la déflexion de la lumière émise par des étoiles, rasant le bord du Soleil et subissant donc cet effet induit par la masse de ce dernier. La lumière suit donc la géométrie dont les déformations dépendent de la distribution des masses élevées dans l'Univers : comme on l'a vu, l'existence des trous noirs procède de cet effet ; plus généralement, les objets massifs agissent comme des lentilles optiques sur la lumière. Dans le cas de cette photo, l'image d'un quasar (dont le nom est G 22 37 + 03 05 !) est diffracté quatre fois par de la matière invisible autrement qui se trouve entre le quasar et nous. Rappelons qu'un quasar, acronyme de « *quasi stellar object* », se présente optiquement comme une étoile mais est de fait le noyau actif d'une galaxie : son émission en radio est comparable à cette dernière. Ces phénomènes de diffraction se traduisent également par des arcs gravitationnels dont la forme permet de déterminer la ou les masses de matière, intercalées entre la source de rayonnement et l'observateur, qui en sont responsables.

Un amas de galaxies

Cliché d'un amas de galaxies observé pendant 16 heures dans la direction de la Petite Ourse par le télescope spatial Hubble en 2004 et 2005. Cet amas est situé à une distance de 7 milliards d'années-lumière. Un amas de galaxies est une structure stable qui comprend en général plusieurs centaines de galaxies liées entre elles par interaction gravitationnelle. Dans un tel amas, la masse du gaz intergalactique que l'on peut observer en rayons X, en raison de sa faible densité et donc de la grande vitesse des particules qui le constituent, peut être 3 à 4 fois supérieure à la somme de celles des galaxies membres de l'amas. On a dénombré à ce jour plusieurs milliers d'amas de galaxies.

Ce cliché particulier montre deux caractéristiques intéressantes : la première est la présence de deux lentilles gravitationnelles dues à de la matière invisible à l'intérieur de cet amas qui courbe la lumière émise d'une part par un quasar distant de 10 milliards d'années-lumière et d'autre part par une galaxie située à 12 milliards d'années-lumière de nous. L'explication de ce phénomène réside dans l'application de la théorie de la Relativité générale d'Einstein et a été donnée à propos de la photographie précédente. La deuxième caractéristique constitue une découverte importante réalisée grâce au télescope spatial Hubble : on observe, en effet, un très grand nombre de petites taches bleues qui correspondent à des « morceaux » de galaxies qui vont entrer en collision et « adhérer » les uns aux autres pour donner naissance aux galaxies proprement dites : comme dans le cas des planètes qui se forment à partir de structures plus petites auxquelles on donne le nom de « planétésimaux », les galaxies prennent naissance à partir de la réunion de ces fragments. Leur morphologie dépendra de la façon dont ces morceaux se réunissent et de leur nombre : si celui-ci est important, la gravité l'emportera sur les effets dus à la rotation et la galaxie deviendra elliptique. Dans le cas contraire, elle sera spiralée ou de forme irrégulière. Le passage du « petit » vers le « grand » et non l'inverse semble donc être une loi générale au niveau des galaxies, des étoiles et des planètes.

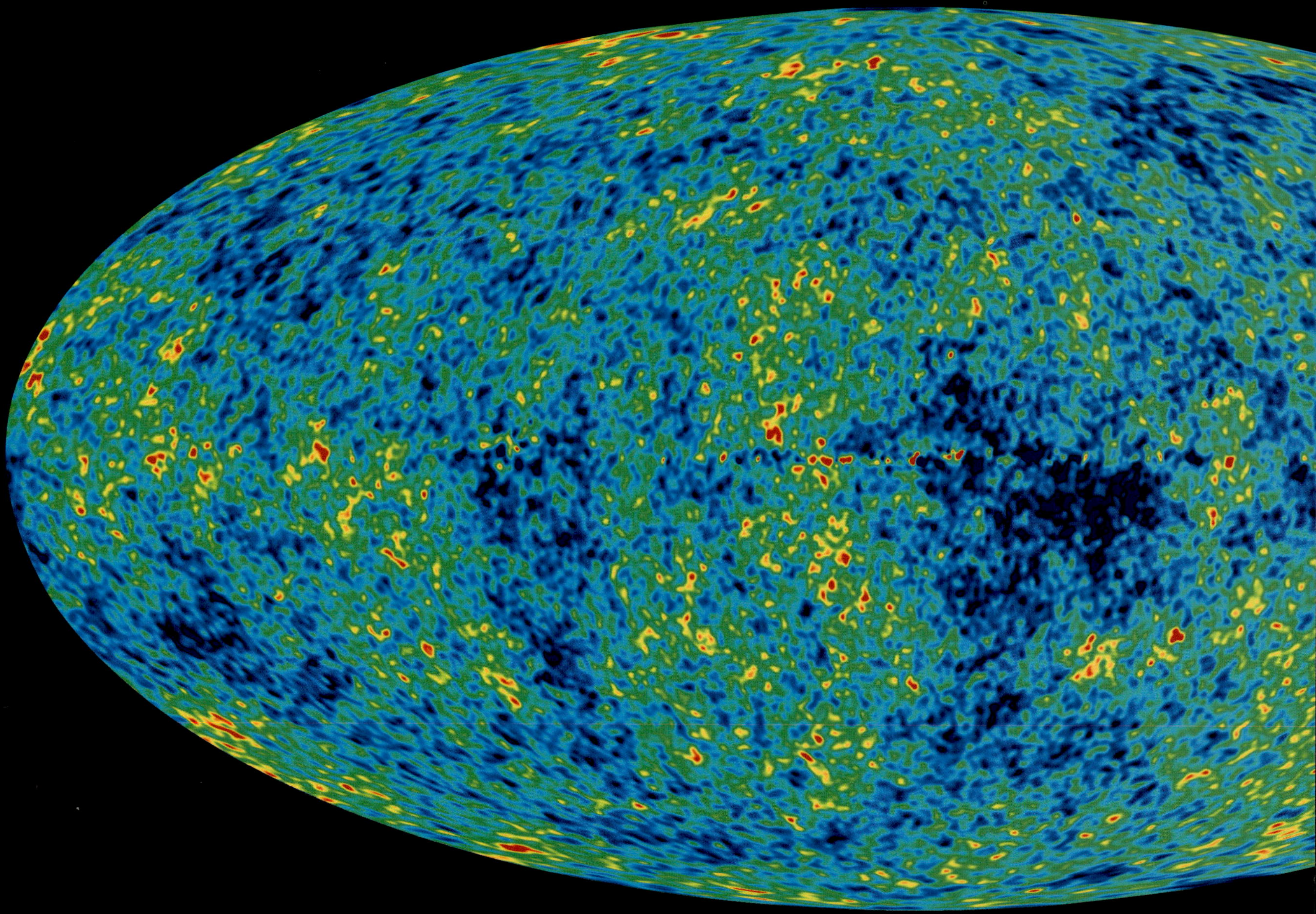

C'est sûr: il ne fait pas son âge. Pendant longtemps, on l'a cru plus jeune, ou plus vieux. Vieux de 6000 ans ou éternel, cela dépendait de notre vue.

Eh bien, non. Pour le moment, il doit se contenter de 13,7 milliards d'années. Comme cette image globale nous le montre.

Pour ceux qui savent la lire, bien sûr. Car nous sommes ici devant l'alphabet de l'Univers, comme si le cosmos apprenait à écrire, comme s'il inventait un langage, au moins pour nous. Et si quelqu'un veut qu'on le lise, il faut bien qu'il dise quelque chose.

Le cosmos: cet immense vocabulaire, complexe, évolutif, secret, ces cataclysmes qui balbutient, ces signes à déchiffrer, cette immensité bavarde où quelque part – même en caractères minuscules – nos noms sont inscrits.

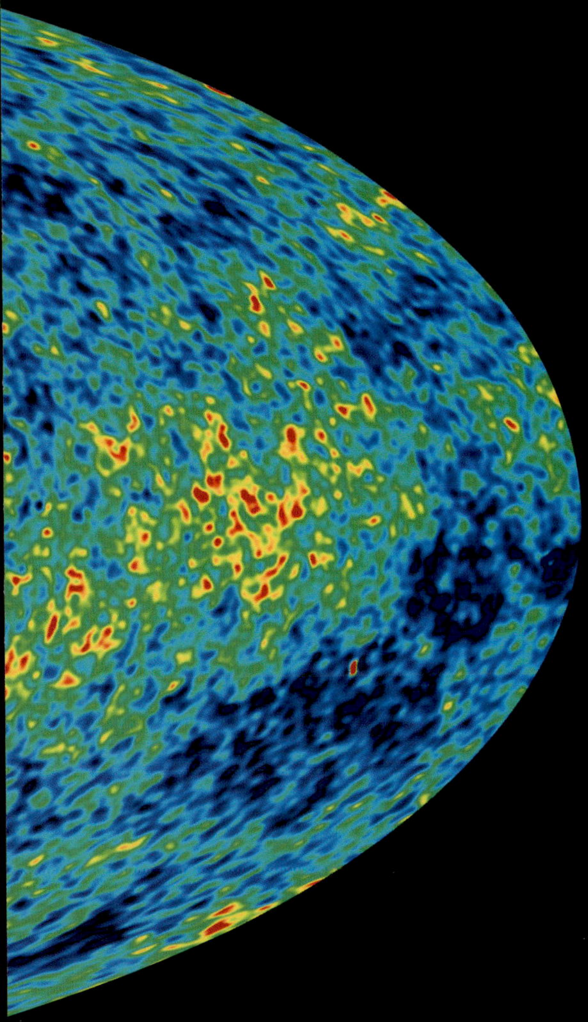

Irrégularités du fond diffus

Ce cliché, qui date de 2001, représente les irrégularités du rayonnement fossile à 2,7 K (à + ou – 3/100000) observées dans chaque direction du ciel par le satellite américain WMAP (*Wilkinson Microwave Astronomical Probe*: Instrument astronomique micrométrique Wilkinson, du nom d'un astrophysicien de Princeton qui se consacra à ce type de recherche). Rappelons que ce rayonnement, maintenant micrométrique, mais à sa naissance ultraviolet, a été émis lorsque le gaz d'hydrogène primordial est passé de l'état ionisé à l'état atomique, c'est-à-dire quand la température moyenne de l'Univers est descendue à une valeur inférieure à 10000 K (il s'était alors écoulé 300000 ans depuis le Big Bang): aux températures plus élevées les électrons étaient « libres » par rapport aux noyaux d'hydrogène (les protons) et avaient la capacité d'absorber et de réémettre les photons lumineux. Aux températures plus basses, les électrons sont « liés » aux protons et laissent passer la lumière. L'univers d'opaque devient transparent à la lumière. Cette transformation entraîne une forte émission de lumière ultraviolette qui est aujourd'hui devenue micrométrique puisque la température de l'Univers est tombée de 10000 K à 2,7 K.

L'analyse des distributions des irrégularités de ce rayonnement fossile constitue un moyen puissant pour déterminer « l'âge de l'Univers », égal à 13,7 milliards d'années, ainsi que la nature de son contenu « énergie – matière ». C'est ainsi que les chercheurs ayant exploité les données venant de ce satellite proposent que l'Univers est constitué de 70 % d'énergie « noire » primordiale, sans contrepartie matérielle, de 27 % de matière « noire » (des particules non nucléaires encore inconnues en 2010) et seulement de 3 % de matière « nucléaire » de même nature que celle dont nous et notre environnement visible sommes formés. Un satellite européen du nom de Planck, lancé le 14 mai 2009, devrait donner dès 2011 des images et des interprétations encore plus précises de ces irrégularités.

Je vous l'assure, la science est possible

Erik Orsenna

de l'Académie française

Hélas, je ne suis pas scientifique. Mais comme je ne suis pas non plus masochiste, je me soigne. C'est-à-dire que je n'arrête pas d'apprendre. Pourquoi, quand on aime d'amour fou les histoires (ce qui est mon cas depuis le temps béni où ma mère me chuchotait à l'oreille d'innombrables « il était une fois ») pourquoi se priver des plus belles parmi les histoires, les plus diverses, les plus surprenantes, les plus riches en personnages et en rebondissements, je veux parler des histoires vraies ?

J'avais étudié pratiquement toutes les sciences dites « humaines ». Et, malgré mon goût profond pour les mathématiques, je me croyais interdit de séjour au royaume des sciences « dures ». Mon choix d'hypokhâgne plutôt que de math sup m'en avait à jamais fermé la porte. La France chérit et perpétue ce genre de cloisonnement et ne se prive pas de le rappeler, aussi souvent que nécessaire, aux outrecuidants qui prétendent à une culture vraiment « générale ».

L'amitié en a décidé autrement.

Et ma vie s'en est trouvée, soudain, agrandie.

Merci aux Argonautes. Ces grands savants, experts en climatologie, océanographie, biologie marine... m'ont accueilli avec indulgence et générosité lorsque je leur ai annoncé mon projet de raconter le Gulf Stream. J'ai travaillé. Ils m'ont corrigé. Au bout de quelques mois, je commençais à comprendre la mer. À l'endroit des cartes où, jusqu'alors, je ne voyais qu'une tache bleue, j'étais maintenant capable de deviner les grands et lents mouvements secrets des courants.

Merci aux botanistes de l'École nationale supérieure du Paysage de Versailles. Ils m'ont fait notamment cadeau de la diversité des espèces, et de cette inépuisable métaphore de la vie que sont la taille et la greffe. Ils m'ont aussi appris cette vérité de base que nous avons tellement tendance à oublier : les humains sont loin, très loin d'avoir le monopole du vivant. Merci à mes confrères de l'Académie française. Imaginez-vous le privilège d'avoir pour voisin de droite, chaque jeudi, le prix Nobel François Jacob ? Je me souviens encore de son amusement quand je lui ai naïvement posé la (toute) petite question : au fond, qu'est ce que la vie, François ? Autre privilège qu'il me semble de plus en plus criminel de ne pas exploiter : quand vous êtes membre de cette Académie, vous appartenez à l'Institut, qui réunit à la vôtre quatre autres Académies, dont l'Académie des Sciences. Un trésor de savoirs vivants vous est ainsi offert. Quel que soit le domaine, quelqu'un va vous y introduire.

Avec Jean Audouze, nous nous croisons depuis des décennies. Il fut le conseiller scientifique du président de la République dont je fus le conseiller culturel. Ces croisements peu fertiles auraient pu durer longtemps et rejoindre la longue liste des occasions manquées à quoi se résume si souvent la vie. Il faut dire que deux timidités m'empêchaient de m'approcher de lui : le respect que j'avais pour lui et le champ immense de sa « spécialité » : l'Univers.

Il m'a convaincu d'oser. Merci. L'astronomie vient d'entrer dans ma vie et n'en sortira plus. Déjà je projette de me rendre au Chili, dans le haut désert de l'Atacama où l'atmosphère est si claire que les étoiles semblent à portée de main. Leçon après leçon, le ciel me révèle ses secrets. Rappelons-nous Jules Verne : le monde est le plus vaste des livres. Il faut apprendre à le lire, sous peine de n'y rien comprendre et donc d'y passer en étranger. Quelqu'un qui ne sait rien de la Science est un illettré de l'existence.

Depuis quelque temps, un drôle de vent souffle sur notre planète, le vent mauvais de l'obscurantisme. Je viens de finir un roman sur le XVe siècle. On y voit l'esprit des Découvertes devoir affronter ce que certains religieux appelaient « La Sainte Ignorance ». L'expression est de pleine actualité. Le Progrès ne peut reposer que sur la passion du savoir. La Peur de tout ne peut dicter sa conduite à l'humanité de même que la crainte perpétuelle du « complot » est la plus néfaste des conseillères.

Bref, à peine fini ce livre recommencez-le. Même les incroyants, et je suis l'un d'eux, ont besoin de toujours plus de ciel.

LES AUTEURS

Jean Audouze est astrophysicien et directeur de recherche émérite au CNRS. Il est aussi conseiller pour le mécénat scientifique auprès du Président du CNRS et président de la Commission nationale française pour l'Unesco. Outre cet ouvrage, il a fait paraître deux autres livres en 2010 : *L'Univers a-t-il un sens ?* (Éditions Salvator) et *Le Ciel à découvert* (CNRS Éditions).

Jean-Claude Carrière travaille depuis 50 ans pour le cinéma (Pierre Etaix, Luis Buñuel, Milos Forman) et le théâtre (Peter Brook). On lui doit – entre autres – *L'Aide-mémoire*, *Le Mahabharata*, *La Controverse de Valladolid*. Il a publié une trentaine de livres, sur des sujets qui vont du bouddhisme à la science.

Erik Orsenna est économiste, conseiller d'État honoraire, écrivain, membre de l'Académie française. Son dernier livre, *L'Entreprise des Indes* (Stock/Fayard) raconte la préparation du voyage de Christophe Colomb.

CREDITS

2, 6 : Nasa/Lunar and Planetary Institure ;

15, 17 : Soho/EIT ;

19 : EUC Syd and AGS, Danemark ;

20, 23, 25, 49, 116 : Nasa/JPL ;

27 : Nasa/GSF/SVS ;

29, 34 : Nasa/JSC ;

31, 40, 51, 52, 63, 67, 69, 71 : Nasa ;

33 : Nasa/STS ;

37 : Nasa/David R. Scott ;

38 : Nasa/MFSC ;

43 : Esa/Mars Express ;

44-45 : Nasa/JPL/MPF ;

46, 150 : Nasa/GSFC ;

54, 57, 59, 60 : Nasa/Cassini/Huygens ;

65 : Nasa and E. Karkoschka (University of Arizona) ;

73 : Drew Sorenson ;

77 : Nasa/NOAO/Esa and The Hubble Heritage Team (STScI/AURA) ;

78-79 : Nasa/Esa/Hubble Space Telescope Orion Treasury Project Team ;

80, 142 : Nasa/H. Ford (JHU), G. Illingworth (UCSC/LO), M. Clampin (STScI), G. Hartig (STScI, the ACS Science Team, Esa) ;

83 : Nasa/JPL-Caltech/UT Austin ;

84 : Nasa/JPL-Caltech/STScI/Institut d'Astrophysique spatiale ;

87, 91, 94, 97, 101, 102 hd, 104, 110, 120, 124, 129, 130, 135 bg, 135 bd, 137, 138 : Nasa/Esa/The Hubble Heritage Team (STScI/AURA) ;

89 : Nasa, Esa et J. M. Apellaniz (IAA, Espagne) ;

92 : Nasa, Esa, N. Smith, (Berkeley) and Hubble Heritage Team ;

99 : Nasa/JPL Caltech/K. Su (University of Arizona) ;

102 hg, 145 : Nasa/Esa/S. Beckwith and the Hubble Heritage Team (STScI/AURA) ;

102 bg : Nasa/CXC/SAO/M. Karovska et al. ;

102 bd : Nasa/Esa/K. Luhman (Penn State University) ;

107 : Nasa/Esa/JPL/Arizona State Univ. ;

109 : Nasa/CXC/Rutgers/J. Warren and J. Hugues and al. ;

118-119 : Nasa/JPL Caltech/University of Wisconsin ;

123 : Nasa/Esa and A. Nota (STScI/Esa) ;

126-127 : Nasa/JPL Caltech/K. Gordon (University of arizona and Galex Science) ;

133 : Nasa/Esa and G. Bacon (STScI) ;

135 hg : NOA/AURA/NSF/T. Bora son ;

135 hd : CXR ;

141 : Nasa/Esa/CXC and JPL Caltech ;

147 : Nasa/Brad Whitmore (STScI) ;

149 : Nasa/JPL Caltech/STScI/Vassar ;

153 : Esa/Nasa/K. Sharon (Tel Aviv University) and E. Ofek (Caltech) ;

154 : WMAP Science Team/Nasa.

Imprimé en France.
Achevé d'imprimer en décembre 2010
par Jean Lamour.
Dépôt légal : septembre 2010.